"十三五"国家重点出版物出版规划项目

装配式混凝土建筑基础理论及关键技术丛书

装配式混凝土预制构件制作与运输

主　编　吴耀清　鲁万卿
副主编　赵冬梅　陈孝珍

U0268662

黄河水利出版社

·郑州·

内 容 提 要

本书根据现行技术标准及施工单位生产实践编写,比较系统地阐述了装配式混凝土预制构件制作与运输各环节的工作内容,包含了丰富的图片和视频等资料,并配有案例分析及习题,可实现二维码在线学习。本书主要分为六个模块:第一,工厂布置及制作工艺;第二,构件深化设计及制作;第三,构件存放及运输;第四,信息化技术应用;第五,质量控制、安全文明施工及环境保护;第六,资料管理。

本书可作为装配式混凝土建筑从业人员培训学习的专业资料,还可作为大、中专院校建筑工程相关专业学生学习的教材。

图书在版编目(CIP)数据

装配式混凝土预制构件制作与运输/吴耀清,鲁万卿
主编. —郑州:黄河水利出版社,2017.12
    (装配式混凝土建筑基础理论及关键技术丛书)
    "十三五"国家重点出版物出版规划项目
    ISBN 978 - 7 - 5509 - 1947 - 1

    Ⅰ.①装… Ⅱ.①吴… ②鲁… Ⅲ.①装配式混凝
土结构 - 装配式构件 - 制作 ②装配式混凝土结构 - 装
配式构件 - 运输 Ⅳ.①TU37

中国版本图书馆 CIP 数据核字(2017)第 331342 号

策划编辑:谌莉 电话:0371 - 66025355 E-mail:113792756@qq.com

出 版 社:黄河水利出版社
        地址:河南省郑州市顺河路黄委会综合楼 14 层 邮政编码:450003
发行单位:黄河水利出版社
        发行部电话:0371 - 66026940、66020550、66028024、66022620(传真)
        E-mail:hhslcbs@ 126. com
承印单位:河南承创印务有限公司
开本:787 mm ×1 092 mm 1/16
印张:13.5
字数:330 千字   印数:1—4 000
版次:2017 年 12 月第 1 版   印次:2017 年 12 月第 1 次印刷

定价:49.00 元

序

党的十八大强调，"坚持走中国特色新型工业化、信息化、城镇化、农业现代化道路。"十八大以来，习近平总书记多次发表重要讲话，为如何处理新"四化"关系、推进新"四化"同步发展指明了方向。推进新型工业化、信息化、城镇化和农业现代化同步发展是新阶段我国经济发展理念的重大转变，对于我们适应和引领经济新常态，推进供给侧结构性改革，切实转变经济发展方式具有重大战略意义，是建设中国特色社会主义的重大理论创新和实践创新。

在城镇化发展方面着力推进绿色发展、循环发展、低碳发展，尽可能减少对自然的干扰和损害，节约集约利用土地、水、能源等资源。2016年印发了《国务院办公厅关于大力发展装配式建筑的指导意见》，明确要求因地制宜发展装配式混凝土结构、钢结构和现代木结构等装配式建筑。力争用10年左右的时间，使装配式建筑占新建建筑面积的比例达到30%。住房和城乡建设部又先后印发了《"十三五"装配式建筑行动方案》《装配式建筑示范城市管理办法》《装配式建筑产业基地管理办法》等文件，全国部分省、自治区和直辖市也印发了各省（区、市）装配式建筑发展的实施意见，大力发展装配式建筑是促进建筑业转型升级、实现建筑产业现代化的需要。

发展装配式建筑本身是一个系统性工程，从开发、设计、生产、施工到运营管理整个产业链必须是完整的。企业从人才、管理、技术等各个方面都提出了新的要求。目前，装配式建筑专业人才不足是装配式建筑发展的重要制约因素之一，相关从业人员的安全意识、质量意识、精细化意识与实际要求存在较大差距。要全面提升装配式建筑质量和建造效率，大力推行专业人才队伍建设已刻不容缓。这就要求我们必须建立装配式建筑全产业链的人才培养体系，须对每个阶段各个岗位的技术、管理人员进行专业理论与技术培训；同时，建筑类高等院校在专业开设方面应向装配式建筑方向倾斜；鼓励社会机构开展装配式建筑人才培训，支持有条件的企业建立装配式建筑人才培养基地，为装配式建筑健康发展提供人才保障。

近年来，在国家政策的引导下，部分科研院校、企业、行业团体纷纷进行装配式建筑技术和人才培养研究，并取得了丰硕成果。此次由河南省建设教育协会组织相关单位编写的装配式混凝土建筑基础理论及关键技术丛书就是在此背景下应运而生的成果之一。依托中国建筑第七工程局有限公司等单位在装配式建筑领域20余年所积蓄的科研、生产和装配施工经验，整合国内外装配式建筑相关技术，与高等院校进行跨领域合作，内容涉及装配式建筑的理论研究、结构设计、施工技术、工程造价等各个专业，既有理论研究又有实际案例，数据翔实、内容丰富、技术路线先进，人工智能、物联网等先进技术的应用更体现了多学科的交叉融合。本丛书是作者团队长期从事装配式建筑研究与实践的最新成果展示，具有很高的理论与实际指导价值。我相信，阅读此书将使众多建筑从业人员在装配式建筑知识方面有所受益。尤其是，该丛书被列为"十三五"国家重点出版物出版规划项目，说明我们工作方向正确，成果获得了国家认可。本丛书的发行也是中国建设教育协会在装配式建筑人才培养实施计划的一部分工作，为协会后续开展大规模装配式建筑人才培养做了先期探索。

期待丛书能够得到广大建筑行业从业人员，建筑类院校的教师、学生的关注和欢迎，在分享本丛书提供的宝贵经验和研究成果的同时，也对其中的不足提出批评和建议，以利于编写人员认真研究与采纳。同时，希望通过大家的共同努力，为促进建筑行业转型升级，推动装配式建筑的快速健康发展做出应有的贡献。

中国建设教育协会

二零一七年十月于北京

前　言

　　装配式建筑具有"标准化设计、工厂化生产、装配化施工、一体化装修、信息化管理和智能化应用"等特点。发展装配式建筑有利于提升建筑品质、实现建筑行业节能减排和可持续发展的目标，符合"绿水青山就是金山银山"的科学理念。随着中共中央、国务院《关于进一步加强城市规划建设管理工作的若干意见》和国务院办公厅《关于大力发展装配式建筑的指导意见》等文件的相继出台，大力发展装配式建筑已成为国家中长期发展战略。

　　人才的培养与储备是发展装配式建筑的重要保障和关键要素。目前，建筑行业急需一大批新型装配式建筑的相关技术和管理人才，而中、高等院校开展装配式建筑相关课程较少，出现了行业需求与人才培养脱节的现象。为解决装配式建筑教材紧缺问题，河南省建设教育协会组织中国建筑第七工程局有限公司（以下称中建七局）与相关高校合作，编制了《装配式混凝土预制构件制作与运输》教材，以加快装配式建筑相关技术人才培养步伐。

　　本教材以培养建筑产业化工人和管理人员为目标，以中建七局装配式建筑产业基地实践为基础，结合现行国家、行业、地方及企业技术标准，系统阐述了工厂布置及制作工艺、构件深化设计及制作、构件存放及运输、信息化技术应用、质量控制、安全文明施工及环境保护、资料管理等内容。

　　本书图文并茂、案例丰富、可操作性强，大部分内容为国内同类教材首次采用，对有志于从事装配式建筑相关职业的工程技术人员及大、中专院校学生具有一定的指导作用。

　　本书由吴耀清、鲁万卿担任主编，赵冬梅、陈孝珍担任副主编。其他参编人员有魏金桥、郭壮雨、田培园、冯林、李胜杰、孟旭、贺新辉、缪金良、詹立、杜珂、韩超、崔凯、赵晋、王炎、周支军、李佳男、杨松强。在本书的编写和出版过程中得到了参编单位和有关领导的大力支持和帮助，"十三五"国家重点研发计划项目"装配式混凝土工业化建筑高效施工关键技术研究与示范"（项目编号：2016YFC0701700）提供了最新研究成果，在此表示衷心的感谢。

　　限于作者的学术水平及工程实践方面的能力，书中难免存在疏漏与不足之处，真诚欢迎广大读者批评指正。

作　者

2017 年 10 月

目　录

序 ……………………………………………………………………………………… 刘　杰

前　言

第一章　工厂布置与制作工艺 …………………………………………………………（1）

　　第一节　工厂布置 …………………………………………………………………（3）

　　第二节　制作工艺 …………………………………………………………………（8）

　　第三节　车间布置 …………………………………………………………………（12）

　　习　题 ………………………………………………………………………………（15）

第二章　深化设计与模具设计 …………………………………………………………（17）

　　第一节　构件设计 …………………………………………………………………（17）

　　第二节　整体预制卫生间 …………………………………………………………（27）

　　第三节　模具设计 …………………………………………………………………（29）

　　习　题 ………………………………………………………………………………（30）

第三章　制作准备 ………………………………………………………………………（32）

　　第一节　生产准备 …………………………………………………………………（32）

　　第二节　技术准备 …………………………………………………………………（34）

　　第三节　工装准备 …………………………………………………………………（37）

　　第四节　原材准备 …………………………………………………………………（56）

　　习　题 ………………………………………………………………………………（63）

第四章　构件制作 ………………………………………………………………………（65）

　　第一节　设备的使用 ………………………………………………………………（65）

　　第二节　模具安装 …………………………………………………………………（91）

　　第三节　钢筋与预埋件制作安装 …………………………………………………（96）

　　第四节　混凝土浇筑与养护 ………………………………………………………（100）

　　第五节　成品防护 …………………………………………………………………（103）

　　第六节　典型构件制作介绍 ………………………………………………………（104）

　　习　题 ………………………………………………………………………………（108）

第五章　工序与成品质量验收和缺陷修复 ……………………………………………（110）

　　第一节　工序质量验收 ……………………………………………………………（110）

　　第二节　模　具 ……………………………………………………………………（115）

　　第三节　钢　筋 ……………………………………………………………………（117）

　　第四节　预应力构件 ………………………………………………………………（118）

　　第五节　混凝土施工、养护及脱模 ………………………………………………（119）

　　第六节　成品预制构件 ……………………………………………………………（121）

　　第七节　构件一般缺陷修复 ………………………………………………………（127）

习　题 ………………………………………………………………………（128）

第六章　构件存放及运输 …………………………………………………（130）

　第一节　预制构件厂内转运 ………………………………………………（130）

　第二节　预制构件存放 ……………………………………………………（131）

　第三节　预制构件厂外运输 ………………………………………………（134）

　第四节　工程案例 …………………………………………………………（138）

　习　题 ………………………………………………………………………（145）

第七章　预制构件生产信息化管理 ………………………………………（146）

　第一节　生产管理系统 ……………………………………………………（146）

　第二节　BIM 技术应用 ……………………………………………………（158）

　习　题 ………………………………………………………………………（168）

第八章　资料管理与交付 …………………………………………………（170）

　第一节　制作准备阶段资料 ………………………………………………（170）

　第二节　制作过程阶段资料 ………………………………………………（175）

　第三节　成品交付阶段资料 ………………………………………………（176）

　习　题 ………………………………………………………………………（178）

第九章　安全文明施工与环境保护 ………………………………………（180）

　第一节　安全生产 …………………………………………………………（180）

　第二节　预制构件厂文明施工措施 ………………………………………（191）

　第三节　环境保护和职业健康安全 ………………………………………（192）

　习　题 ………………………………………………………………………（197）

习题参考答案 ………………………………………………………………（199）

附　表 ………………………………………………………………………（203）

参考文献 ……………………………………………………………………（204）

第一章　工厂布置与制作工艺

教学要求

1. 了解预制构件工厂布置的基本原则和要求。
2. 熟悉固定模台生产线和移动模台生产线制作工艺流程。
3. 掌握墙板生产线、叠合板生产线、钢筋生产线的工艺流程。

二维码 1-1
装配式建筑宣传片

装配式建筑是结构系统、外围护系统、设备与管线系统、内装系统的主要部分采用预制部品部件集成的建筑。按结构材料分,包括装配式混凝土建筑、装配式钢结构建筑、装配式木结构建筑和装配式复合材料建筑等。与传统建造模式不同,装配式建筑特征是标准化设计、工厂化生产、装配化施工、一体化装修、信息化管理和智能化应用,通过工业化、信息化深度融合,对建筑全产业链进行更新、升级和改造,实现建筑生产方式根本转变和科技进步,实现环境友好、节能减排和质量提升。

装配式混凝土建筑是由预制混凝土构件(Precast Concrete Component,简称 PC 构件)通过可靠的连接方式装配而成的,与汽车、电脑等现代工业产品一样,是将建筑物拆分为单个构件(如图 1-1 所示),并在现代化工厂加工生产,之后运输到施工现场,通过装配技术拼装组合形成产品——建筑物。

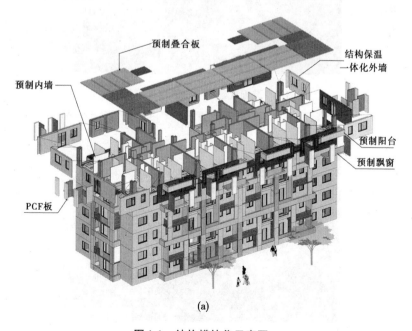

预制叠合板
结构保温一体化外墙
预制内墙
预制阳台
预制飘窗
PCF板

(a)

图 1-1　结构模块化示意图

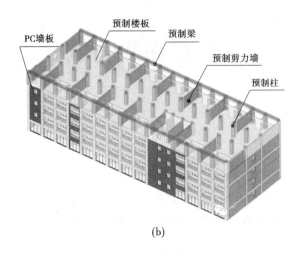

(b)

续图 1-1

　　装配式建筑不是新概念新事物,中国的木结构庙宇(见图 1-2)和宫殿等,都是在加工工场把石头构件凿好,或把木头桩、梁、斗拱等构件制作好,在现场以可靠的方式连接安装;世界上第一座现代建筑——1851 年伦敦博览会主展览馆——"水晶宫"(见图 1-3)就采用了

图 1-2　装配式建筑——五台山唐代庙宇

图 1-3　装配式建筑——水晶宫

装配式建筑技术,先在工厂制作好铸铁梁柱,在玻璃工厂按设计规格制作好玻璃,然后运到现场装配,这是世界上最早的装配式钢结构金属幕墙工程;1931年建造的帝国大厦(见图1-4),共102层,高达381 m,历时410 d,平均4 d一层,预制件主要包括了PC楼板、PC楼梯以及PC幕墙。

(a)效果图　　　　　　　　　　(b)施工现场图

图1-4　装配式建筑(美国帝国大厦)

预制混凝土构件的工厂化生产是一种全面机械化、自动化和技术、资金等高度密集型产业,要求能够在标准化的环境中进行全过程的连续作业,因此构件生产企业的工厂布置、制作工艺及车间布置至关重要。

第一节　工厂布置

合理的工厂布置是保证整个生产系统能够高效、安全和经济运行的基础。因此,工厂布置与选址建设时,需结合区域总体规划,综合考虑周边环境、生产内容、产能需求、工艺流程、物流运输等因素。

一、生产规模

预制构件工厂的生产规模通常以年产预制构件混凝土立方量标识。生产规模由生产能力确定,并与工作平台数量和堆场面积有关。

(一)生产能力的确定

按照城市周边市场的年规划建造面积,根据工厂生产的产品构成、市场平均预制率和装配率,计算出市场需求量。预制率是建筑室外地坪以上主体结构和围护结构中预制部分的混凝土用量占对应构件混凝土总用量的体积比。装配率是工业化建筑中预制构件、建筑部品的数量(或面积)占同类构件或部品总数量(或面积)的比率。建筑面积与构件体积通常按 3:1 换算。下面举例说明如何确定预制构件工厂的生产能力。

2016 年××市住宅施工面积 5 731 万 m^2,竣工面积 1 132 万 m^2,销售面积 1 125 万 m^2。按照每年增长 10% 计算,2017 年住宅地产项目开发面积可达 6 304 万 m^2。按住宅总量 5% 的比例采用装配式建筑,建筑面积为 315.2 万 m^2,预制率按照 30% 计算的建筑面积为 94.56 万 m^2,预制构件需求量(体积)约 32 万 m^3。

2016 年××市商业楼宇、办公建筑和工业建筑开工面积为 3 700 万 m^2,按照每年增长 10% 计算,2017 年××市商业楼宇、办公建筑和工业建筑开发面积约为 4 070 万 m^2,按商业楼宇、办公建筑和工业建筑总量 5% 的比例采用装配式建筑,建筑面积为 203.5 万 m^2,预制率按照 30% 计算的建筑面积为 61.05 万 m^2,预制构件需求量(体积)约 20 万 m^3。

综上可知,2017 年××市预制构件需求量约为 52 万 m^3,随着装配式建筑比例的增加和预制率的提高,预制构件的需求量大幅度增加。通过统计近年各类型预制构件年需求量,推算发展趋势,根据产品结构、周边工厂数量及产能等因素确定预制构件工厂的生产能力。

(二)工作平台数量的确定

预制构件是在工作平台上制作的,因此工作平台的数量决定了构件的产量。假定构件的混凝土用量平均为 1.3 m^3,根据日产量和工作平台周转次数,可计算所需要的工作平台(见图 1-5)数量。在实际中,为保证工厂的正常生产,工作平台通常考虑 20% 的富余量。流水线生产工作平台如图 1-6 所示。

图 1-5　工作平台示意图　　　　图 1-6　流水线生产示意图

(三)堆放场地面积的确定

构件堆放场地的面积须从工厂日生产能力,生产 28 天的存放能力,预制墙体、叠合板、阳台等主要构件所需要的存放面积,以及必要的检修运输空间等方面考虑。某构件厂堆放场地示意图如图 1-7 所示。

二、基本设置

工厂场区布置主要分成三大部分:第一部分是生产园区,第二部分是生活配套园区,第三部分为科研园区。场区布置应尽量确保后两者不会受到噪声等污染。

工厂主入口一般位于场地中部,主路贯穿厂区,入口处集中布置办公楼及配电机房,便于满足整个厂区管理、办公及配电需求。预制构件车间和各种相关配套场地应紧密布置,便于材料堆放,产品整理、检验,废弃物处理及运输。各类设备用房应分散布置于场地中,为厂房提供全面的设备保障。

图 1-7 某构件厂堆放场地示意图

生活及科研配套园区由办公建筑、科研建筑、宿舍、食堂等配套设施以群落方式组合布置,结合园区景观设计,创造宜人的办公、生活及科研环境。

场区内主要建、构筑物布置方案如下。

(一)预制构件车间

车间一般为单层钢结构厂房,主要布置部品部件生产线和钢筋加工线、混凝土搅拌站等,某构件厂车间布置图如图 1-8 所示。

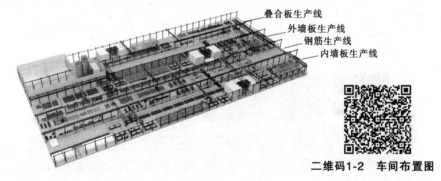

叠合板生产线
外墙板生产线
钢筋生产线
内墙板生产线

二维码1-2 车间布置图

图 1-8 某构件厂车间布置图

(二)构件储存区

构件储存区是生产车间的延伸,在长度方向上属于同一列,检验合格的半成品可以通过同一轨道的吊车转入构件储存区,形成流水作业。某构件厂构件临时储存区如图 1-9 所示。

(三)材料存放区

材料存放区用于存放车间生产用材料,例如钢筋、保温板、铝窗、瓷砖、黏合剂、预埋件及其他生产辅助材料等,存放区宜设置在生产工位附近且便于管理的位置。

(四)混凝土搅拌站

混凝土搅拌站(见图 1-10)主要提供生产用混凝土,包括原材料储存区、混凝土生产区与中控室等,采用全封闭车间生产模式,以减少粉尘和噪声的污染;砂石原材料自然堆放于指定储存区;水泥、粉煤灰等掺和料采用筒仓储存。车间生产线应根据实际生产规模合理确定水泥筒仓、粉煤灰筒仓、特殊添加剂筒仓等设施。

图 1-9　某构件厂构件临时储存区

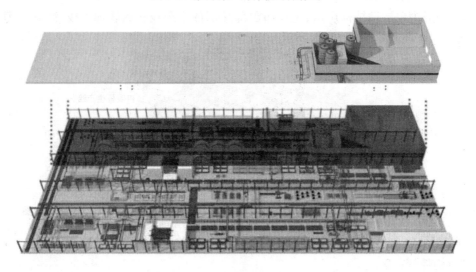

图 1-10　混凝土搅拌站

（五）锅炉房

锅炉房宜就近配备，内设燃气锅炉，通过蒸汽管道为养护仓提供适宜的温度湿度条件，有效缩短构件养护时间；若距离养护仓较远，蒸汽管道应采取保温措施，以减少热能的损失。

（六）实验室

实验室一般设在办公楼一楼或车间内，主要由地方材料室、混凝土室、力学室、标养室及留样室等组成。功能主要有：做砂石等材料的一般物理测试，进行混凝土试配、强度检验、试块养护、原材留样、配合产品研发等。

（七）污水及废弃物处理设施

在车间成品区尾部设置三级污水处理池，混凝土搅拌站设置污水处理循环利用系统。考虑水循环利用，根据现场条件设置雨水、废水收集循环系统。厂区内应设置专门的固体废弃物回收处,主要用于临时存放混凝土废渣等废弃物。

（八）配套设施

配套设施主要指生产、生活的辅助设施。包括办公楼、职工宿舍、食堂及工作休闲区等,配套设施所在区域一般应该与生产园区有明显分界,使工人工作之余能够更好地休息。根据生产能力估算所需生产人员和管理人员数量,根据人数设定办公室、食堂与宿舍建筑规模和类型。场内绿化为工人及管理人员提供良好的生活环境。场区配套设施的平面布置(示例)如图 1-11 所示。

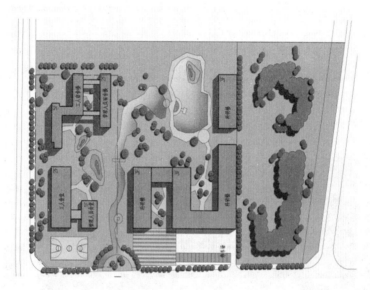

图 1-11　配套设施平面布置图(示例)

（九）园区道路

为了保证运输车辆能够在园区内通行、转弯,道路路面宽度宜设置在 9 m 以上,同时在材料及成品出入口设置一个大型货车停车区。

（十）工人配置

预制构件厂工人根据产能和生产工艺灵活调整(见表 1-1)。在工厂达到满产及正常生产的情况下,辅助人员(保安、厨师、勤杂)根据公司运营状况配置。

表 1-1　车间的工人配置

生产单位	产量	工人数量	备注
构件厂车间	5 万 m³ 以下	80 ~ 100	含钢筋加工等
	5 万 ~ 15 万 m³	100 ~ 180	
	15 万 ~ 30 万 m³	180 ~ 300	

三、布置原则与方法

园区总平面布置应按照构件生产加工企业的生产工艺要求进行布置,总平面布置原则如下:

（1）园区不宜建在有碍产品生产、存放的区域，区内不得兼营有碍产品生产、存放的其他产品。

（2）区内路面宜平整，无积水，无裸露自然地面。

（3）区内卫生间应有冲水、洗手等设施。

（4）生产用配件、原料、辅料的存放应符合安全环保的相关要求，避免有害物质环境污染。

（5）生产废水、废料的排放应符合国家有关规定，给排水系统应能适应生产需要，设施配置合理有效。

（6）生产区与办公生活区宜隔离。

按照以上原则，园区布置以工艺流程为主线，兼顾产品生产企业的环境卫生需求，满足生产紧凑、占地面积小、便于生产集中控制和管理的要求。某构件工厂平面布置图见图1-12。

二维码1-3
某构件工厂
平面布置图

图1-12　某构件工厂平面布置图

第二节　制作工艺

制作工艺指劳动者利用生产设备在具体生产环节中对原材料、零部件或半成品进行加工制造的总体流程。预制构件是在工厂利用现代工业技术生产制作而成的，其制作工艺是将各种原材料通过加工改变其形状、尺寸、性能或相对位置，使之成为成品或半成品的过程。不同构件的形状、组成、生产方式不尽相同，为实现产品设计，保证产品质量，需要完备的构件生产线和工艺流程。

一、生产线

常见预制构件生产线有两种:固定模台生产线和移动模台生产线。

(一)固定模台生产线

固定模台生产线是在固定位置放置模台,制作构件的所有操作均在模台上进行,材料、人员相对于模台流动。固定模台生产线是平面预制构件生产线中常用的一种生产方式。

模台一般是一块平整度很高的钢结构平台(见图1-13)。在生产时,模台作为构件的底模,与四周可拆卸侧模组成完整的模具。

固定模台生产线自动化程度较低,需要更多工人,但是该工艺具有设备少、投资少、灵活方便等优点,适合制作墙板、楼梯、阳台、飘窗等异型复杂构件。固定模台生产线局部工作也可以实现自动化运转,例如墙板自动翻转机、混凝土布料机、振动台等设备。

(二)移动模台生产线

移动模台生产线是典型的流水生产组织形式,是劳动对象按既定工艺路线及生产节拍,依次通过各个工位,最终形成产品的一种组织方式。该生产方式具有工艺过程封闭、各工序时间基本相等或成简单的倍比关系、生产节奏性强、过程连续性好等特征。

移动模台生产线是模台在轨道或摆渡车上移动,并作为承载平台和底模使用(见图1-14)。整个流水线分为清理、划线、喷油、支模、绑扎、预埋、浇筑、振捣、赶平(拉毛)、预养、抹光、养护、拆模及洗水等工位,生产工人在各自工位完成各自职能。

图1-13　固定模台

图1-14　移动模台生产线

移动模台生产线适合生产叠合楼板、墙板等构件,构件标准化程度越高越有利于保持生产节奏稳定,提高生产效率。

二、工艺流程

生产工艺流程就是产品从原材料到成品的制作过程中要素的组合。包含输入资源、活动、活动的相互作用(即结构)、输出结果、顾客、价值六大方面。图1-15、图1-16为某构件生产厂工艺流程。

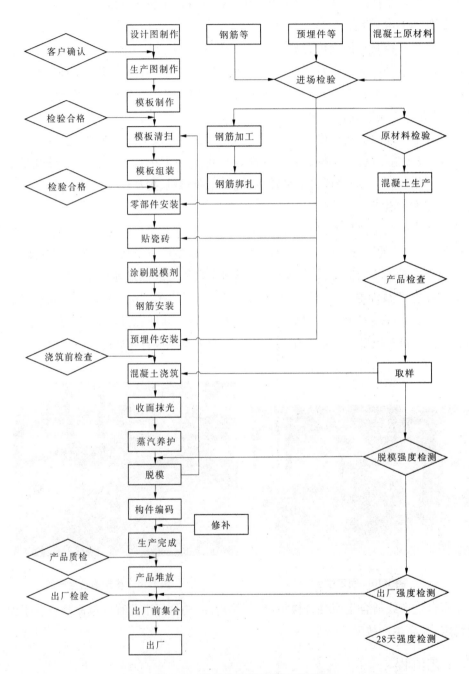

图 1-15 构件生产的主要工艺流程

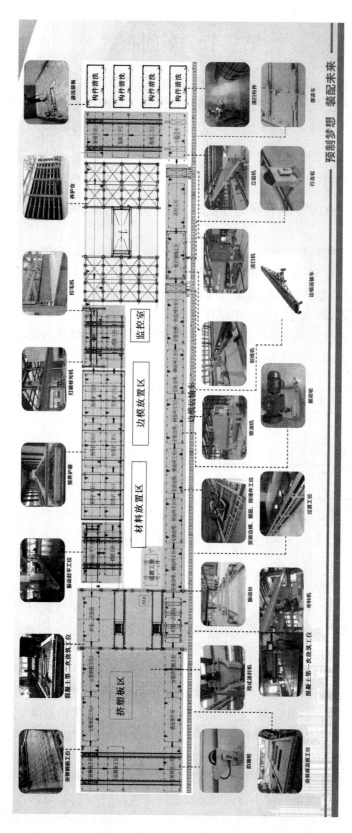

图 1-16 移动模台生产线工艺流程示意图

第三节　车间布置

合理的车间布置会减少各生产线之间的相互干扰。固定模台生产线宜生产阳台、楼梯及飘窗等外形相对复杂、生产过程周期长的异型构件。而在移动模台流水线上,可以加工生产带装饰面及保温层的预制混凝土外墙板、带管线应用功能的内墙板、叠合板、叠合梁、柱等构件部品。

一、固定模台生产线布置

固定模台生产线的特点:机械化程度低、生产作业人员多、构件分散养护,工艺简单、投资小等。

固定模台生产线包括模台、混凝土布料系统、插入式振动器、构件养护系统等。固定模台生产线一般布置在车间一侧,和移动模台生产线分隔开。可采用带有振动、翻转和移动等功能的模台,来提高生产线的机械化、自动化程度和生产效率。

【例1-1】　某工厂预制楼梯固定模台生产线布置。

生产线主要包括:预制楼梯模具、移动式布料机、附着式振捣器、折叠式养护罩。立式楼梯生产工艺流程如图1-17所示。

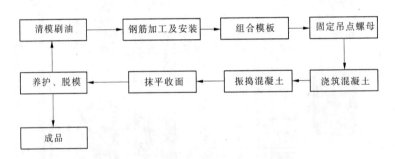

图1-17　立式楼梯生产工艺流程

二、移动模台生产线布置

移动模台生产线通常采用先进、高效的技术装备,自动化、机械化程度和生产效率高,一次性投资大,对管理水平和工人操作熟练程度要求也较高。

(一)总体规划

作为生产场区规划核心内容之一,生产线按预制构件制造工艺原理,结合生产计划及预制场地情况进行总体设计,选择场内生产设施和辅助设施的合理位置及其管理方式,尽量做到前后工序衔接顺畅、物流合理、生产规模满足工程工期并适度预留余量,使各种物资资源能以最高效率组合成为最终合格产品。

(二)布置原则

进行生产线布置时,要遵循以下原则:系统性、近距离、场地与空间有效利用、有利于机械化、安全方便、投资建设费最小等。需考虑的因素有:

(1)生产线分为钢筋加工区、预制构件生产区、成品检验区等,区域划分应满足总体规划要求。

（2）钢筋加工区和混凝土搅拌站紧邻预制构件生产区，确保钢筋和混凝土供应方便及时。

（3）供电、供热、供汽、供水系统及水循环系统等配套辅助设施应统筹考虑，并备有应急保障设施。

（4）对生产线合理分段，并设置缓冲区，以解决变节拍生产条件下，段与段之间的平滑衔接问题。

（5）布料机与混凝土搅拌站呈直线排列，便于混凝土输送与供应。

（6）混凝土二次布料之后设置预养护区，有利于初凝之后抹光，抹光之后采用立体养护，节省能源。

（7）布置环形生产线，以充分利用生产面积。

【例1-2】 某工厂内墙板移动模台生产线布置。

主要分为模板清理区、划线区、钢筋网安装区、埋件安装区、边模安装区、混凝土浇筑区、抹平区、养护区、脱模区、构件冲洗区、构件缓存区等；其主要设备为立体养护窑、喷油机、布料机、混凝土抹平机、起重机、电动运输平车等。内墙板生产工艺流程见图1-18。内墙板生产线见图1-19。

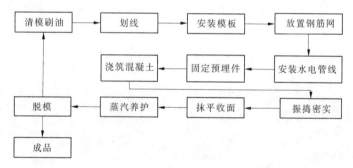

图 1-18 内墙板生产线工艺流程

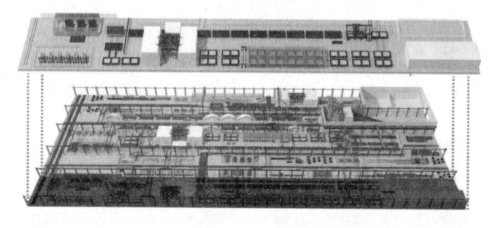

图 1-19 内墙板生产线

【例1-3】 某工厂外墙板生产线布置。

除按内墙板生产线分区布置外，外墙板生产线还需在混凝土浇筑区后增加保温板安装区和二次浇筑区,工艺流程如图1-20所示。外墙板生产线见图1-21。

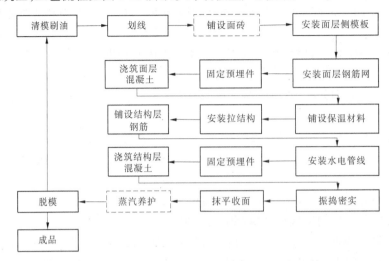

图1-20　外墙板生产线工艺流程图(反打工艺)

图1-21　外墙板生产线

【例1-4】　某工厂叠合板生产线。

叠合板具有规格及形状简单、出筋统一、工序较少等特点,特别适合流水生产。除内墙板生产线分区布置外,还需在混凝土浇筑区后增加拉毛区。工艺流程如图1-22所示。叠合板生产线见图1-23。

三、钢筋生产线布置

钢筋生产线主要进行外墙板、内墙板、叠合板及异型构件生产线的钢筋加工制作,钢筋成品、半成品类型主要有箍筋、拉筋、钢筋网片和钢筋桁架等。钢筋生产线主要分为原材料堆放区、钢筋加工区、半成品堆放区、成品堆放区、钢筋绑扎区等。成品堆放区宜紧邻构件生产线钢筋安装区布置;原材堆放区域周边宜设置大型运输车辆通道;桁吊宜覆盖生产线所有区域。

钢筋生产线主要设备:钢筋调直切断机、弯箍机、直螺纹套丝机、钢筋网片焊接机等,某工厂钢筋生产线布置如图1-24所示。

```
┌──────────┐      ┌──────────┐      ┌──────────┐      ┌──────────┐
│  清模刷油 │─────▶│   划线   │─────▶│ 安装模板 │─────▶│ 放置钢筋网│
└──────────┘      └──────────┘      └──────────┘      └──────────┘
     ▲                                                      │
     │                                                      ▼
     │            ┌──────────┐      ┌──────────┐      ┌──────────┐
     │            │ 浇筑混凝土│◀─────│ 固定预埋件│◀─────│安装灯具线管│
     │            └──────────┘      └──────────┘      └──────────┘
     │                  │
┌──────────┐  ┌──────────┐  ┌──────────┐  ┌──────────┐
│   脱模   │◀─│ 蒸汽养护 │◀─│   拉毛   │◀─│振捣混凝土│
└──────────┘  └──────────┘  └──────────┘  └──────────┘
     │
     ▼
┌──────────┐
│   成品   │
└──────────┘
```

图 1-22　叠合板生产线工艺流程图

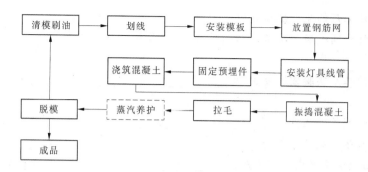

图 1-23　叠合板生产线

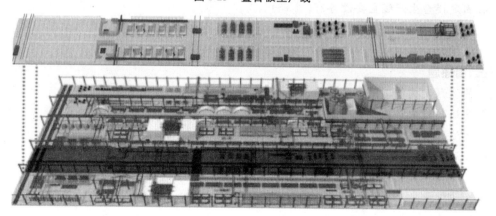

图 1-24　某工厂钢筋生产线

习　题

一、填空题

1. 建筑工业化的目的是使建筑设计_____、生产_____、施工_____、装修_____、管理_____。

2. 预制构件工厂选址需满足基地建设_____、_____、_____的要求。

3. 预制构件工厂的生产规模是以_____计算的。

4. 预制构件车间一般为单层钢结构厂房,主要布置_____、_____和

_____。

5. 预制构件工厂实验室主要由_____、_____、_____、_____及_____等

组成。

6. 常见的预制构件生产线有_____和_____两种方式。

7. 固定模台生产线适合制作_____、_____、_____、_____等异型

复杂构件;移动模台流水线适合生产_____、_____和_____等出筋少的构件。

二、选择题

1. 生活配套园区由( )组成。

A. 工人宿舍 B. 管理人员宿舍

C. 工人食堂 D. 管理人员食堂及科研建筑

2. 预制构件工厂的材料试验主要包括( )。

A. 一般物理测试

B. 混凝土试块制作、混凝土试块养护、混凝土试块试压

C. 砂石水泥材料及钢筋材料取样送检

D. 配合产品研发的其他试验等

3. 预制构件的工厂化生产主要包括( )等 3 个主要工序。

A. 支设模板 B. 钢筋绑扎

C. 浇筑混凝土及养护 D. 脱模

4. 固定模台生产线主要设备有( )。

A. 固定模台 B. 混凝土布料系统、插入式振动器

C. 自动翻转机 D. 加热设施

三、简述题

1. 简述预制构件工厂化生产的主体工艺流程。

2. 简述梯段生产工艺流程。

3. 简述移动模台生产线布置需遵循的原则。

4. 简述墙板、叠合板、钢筋生产工艺流程及区别。

第二章 深化设计与模具设计

1. 了解构件设计及模具设计原则；了解整体预制卫生间的种类；了解预制建筑模具在设计时需注意和考虑的因素。

2. 熟悉预制构件保温、连接、起吊、防水采用的材料及节点做法；熟悉施工现场固定和临时设施安装孔、吊钩的预埋预留等。

3. 掌握保温板、连接件、吊件、防水等预埋件的性能计算。

装配式建筑的设计不仅是简单的构件拆分和结构设计计算，还包括构件的生产方法、工艺、模具等一系列相关设计。同时深化设计还应考虑运输、施工过程中遇到的问题，为运输和施工服务。

第一节 构件设计

深化设计要根据初步设计阶段的技术措施，不同专业结合设备设施、内装部品、预制构件等设计参数，全面考虑不同专业的预留预埋要求，优化预制装配式建筑连接节点的隔音、防火和防水设计，保证预制构件必须具有良好的耐火性和耐久性，注意成品安全性、生产可行性和便利性。除精确定位机电管线和预制构件门窗洞口以外，还应考虑预制构件生产、运输过程中及施工现场各种固定和临时设施安装孔、吊钩的预留预埋。

深化设计的计算包括设计文件规定的荷载及施工过程中堆放、脱模、运输、吊装等各种工况的荷载不利组合验算。临时斜撑、支架的设计也应对施工过程中的全部荷载进行验算。

在深化设计时要计算外墙保温结构、连接件、吊件等预埋件的性能。

一、外墙保温构造

新型建筑工业化积极提倡采用预制带保温外墙板（见图 2-1），主要是为了解决现浇或者填充外墙的装饰耐久性、保温性、防火性、密封性差等问题。对于非组合式夹心保温外墙板，保温层在外叶墙与内叶墙之间，能有效地隔绝空气，增强结构整体的保温性能、耐久性能、防火性能，真正做到了与建筑同寿命。

建筑外墙结构传热系数是表示建筑外墙保温性能的重要指标之一，其检测值的大小可以直接反映建筑外墙结构的热工性能及建筑节能效果的好坏。常见的外墙保温材料有 EPS（模塑聚苯板）和 XPS（挤塑聚苯板）。

下面以不同厚度挤塑聚苯板的外墙导热系数进行计算，见表 2-1 ~ 表 2-3。

图 2-1　保温板

表 2-1　保温层为 60 mm 厚挤塑聚苯板外墙的导热系数

每层材料名称	厚度(mm)	导热系数(W/(m·K))	热阻值(m²·K/W)
钢筋混凝土	200	0.93	0.215
挤塑聚苯板	60	0.037	1.622
钢筋混凝土	40	0.93	0.043
外墙各层之和	300	—	1.880

内表面换热阻 R_i 一般取 0.11 m²·K/W；

外表面换热阻 R_e 一般取 0.04 m²·K/W

外墙热阻 $R_o = R_i + \sum R + R_e = 2.030$ m²·K/W

外墙导热系数 $K_p = 1/R_o = 0.49$ W/(m²·K)

表 2-2　保温层为 50 mm 的厚挤塑聚苯板外墙的导热系数

每层材料名称	厚度(mm)	导热系数(W/(m·K))	热阻值(m²·K/W)
钢筋混凝土	200	0.93	0.215
挤塑聚苯板	50	0.037	1.351
钢筋混凝土	50	0.93	0.054
外墙各层之和	300	—	1.620

内表面换热阻 R_i 一般取 0.11 m²·K/W；

外表面换热阻 R_e 一般取 0.04 m²·K/W

外墙热阻 $R_o = R_i + \sum R + R_e = 1.770$ m²·K/W

外墙导热系数 $K_p = 1/R_o = 0.56$ W/(m²·K)

　　从表 2-1～表 2-3 中可以看出，随着挤塑聚苯板厚度减小，外墙导热系数递增，挤塑聚苯板厚度在 40～60 mm 均满足标准要求。60 mm 厚导热系数小，但其成本较高。40 mm 厚导热系数接近限值，若考虑热桥因素影响可能超过限值。因此，优选 50 mm 厚保温板作为保温层。

表2-3　保温层为40 mm的厚挤塑聚苯板外墙的导热系数

每层材料名称	厚度(mm)	导热系数(W/(m·K))	热阻值(m²·K/W)
钢筋混凝土	200	0.93	0.215
挤塑聚苯板	40	0.037	1.081
钢筋混凝土	60	0.93	0.065
外墙各层之和	300		1.361

内表面换热阻 R_i 一般取 0.11 m²·K/W；

外表面换热阻 R_e 一般取 0.04 m²·K/W

外墙热阻 $R_o = R_i + \sum R + R_e = 1.511$ m²·K/W

外墙导热系数 $K_p = 1/R_o = 0.66$ W/(m²·K)

二、拉结件

预制混凝土夹心保温外墙板的保护层、保温层和结构层之间没有相容性，必须使用保温拉结件穿透保温层并锚入两层混凝土之中，使夹心墙形成整体，防止保温层脱落。

保温拉结件一般采用金属材料或复合材料制作。金属保温拉结件具有一定的导热性，有可能形成冷热桥而造成热损失，这一过程是肉眼无法看见的，但可以通过红外成像仪照片观测到，红点部位的冷热桥清晰可见（见图2-2）。用不锈钢制作的连接件导热系数远低于普通碳钢，可以减少连接件的热损失，同时提高连接件的耐久性。

图2-2　红外成像仪观测照片

复合材料强度高、导热系数低、弹性和韧性好，被视为制造保温拉结件的理想材料。其中，GFRP材料拉结件分为MS型和MC型。MS型锚适用于内、外叶墙一侧板厚小于63 mm的情况。MC型适用于内、外叶墙两侧板厚均大于63 mm的情况。

在应用拉结件时（见图2-3），首先根据内、外叶墙厚度选择拉结件类型；再根据保温层厚度选择连接件规格。

为保证工程安全，应综合考虑保温拉结件在构件生产、运输、吊装和使用工况下的受力状态，包括外叶墙自重和吊装动力系数、模板的吸附力、风力、地震力等综合作用下的拉、压、剪、扭应力。构件的受力主要包括外叶墙自重产生的剪力和拉拔力，因此只需分别复核拉结件抗剪承载力和抗拔承载力即可。

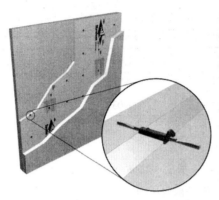

图2-3　拉结件连接图

　　在正常布置间距下,只要满足抗剪承载力的要求,抗拔承载力不需要计算。因此,拉结件的布置间距最为重要,布置太紧密,则产品成本大大提高;布置太宽松,则安全性难以保障。以某品牌拉结件试验数据为例,其布置时可根据表2-4～表2-8选择间距。

　　两种常用型号拉结件的允许剪切力为V_t,挠度最大值为$\Delta_{\max}$。不同保温层厚度的剪切力为Q_g,挠度为Δ。

表2-4　GFRP拉结件允许剪切力V_t与挠度最大值$\Delta_{\max}$

型号	锚固长度(mm)	混凝土强度	允许剪切力V_t(N)	挠度最大值$\Delta_{\max}$(mm)
MS	38	C40	462	2.54
		C30	323	
MC	51	C40	677	
		C30	502	

表2-5　保温层厚度为50 mm时外墙剪切力Q_g与挠度Δ

保温层厚度$d_d = 50$ mm												
外叶墙厚度(mm)	60		65		70		75		80		85	
连接件锚固长度h_v(mm)	38		38		38		38		51		51	
悬臂计算长度d_A(mm)	61		61		61		61		67		67	
连结件布置间距(mm)	Q_g(N)	Δ(mm)	Q_g(N)	Δ(mm)	Q_g(N)	Δ(mm)	Q_g(N)	Δ(mm)	Q_g(N)	Δ(mm)	Q_g(N)	Δ(mm)
300×300	130	0.33	140	0.36	151	0.39	162	0.42	173	0.60	184	0.63
350×350	176	0.46	191	0.49	206	0.53	221	0.57	235	0.81	250	0.86
400×350	202	0.52	218	0.56	235	0.61	252	0.65	269	0.93	286	0.99
400×400	230	0.59	250	0.64	269	0.69	288	0.74	307	1.06	326	1.13
400×450	259	0.67	281	0.72	302	0.78	324	0.84	346	1.19	367	1.27
300×625	270	0.70	293	0.76	315	0.81	338	0.87	360	1.24	383	1.32

表2-6　保温层厚度为60 mm时外墙剪切力 Q_g 与挠度 Δ

保温层厚度 $d_d = 60$ mm

外叶墙厚度（mm）	60		65		70		75		80		85	
拉结件锚固长度 h_v（mm）	38		38		38		38		51		51	
悬臂计算长度 d_A（mm）	70		70		70		70		76		76	
连接件布置间距（mm）	Q_g（N）	Δ（mm）	Q_g（N）	Δ（mm）	Q_g（N）	Δ（mm）	Q_g（N）	Δ（mm）	Q_g（N）	Δ（mm）	Q_g（N）	Δ（mm）
300×300	130	0.50	140	0.55	151	0.59	162	0.63	173	0.85	184	0.91
350×350	176	0.69	191	0.74	206	0.80	221	0.86	235	1.16	250	1.23
400×350	202	0.78	218	0.85	235	0.91	252	0.98	269	1.33	286	1.41
400×400	230	0.89	250	0.97	269	1.04	288	1.12	307	1.52	326	1.61
400×450	259	1.01	281	1.09	302	1.17	324	1.26	346	1.70	367	1.81
300×625	270	1.05	293	1.14	315	1.22	338	1.31	360	1.78	383	1.89

表2-7　保温层厚度为70 mm时外墙剪切力 Q_g 与挠度 Δ

保温层厚度 $d_d = 70$ mm

外叶墙厚度（mm）	60		65		70		75		80		85	
连接件锚固长度 h_v（mm）	38		38		38		38		51		51	
悬臂计算长度 d_A（mm）	70		70		70		70		76		76	
连接件布置间距（mm）	Q_g（N）	Δ（mm）	Q_g（N）	Δ（mm）	Q_g（N）	Δ（mm）	Q_g（N）	Δ（mm）	Q_g（N）	Δ（mm）	Q_g（N）	Δ（mm）
300×300	130	0.73	140	0.79	151	0.85	162	0.91	173	1.18	184	1.26
350×350	176	0.99	191	1.07	206	1.15	221	1.24	235	1.61	250	1.71
400×350	202	1.13	218	1.22	235	1.32	252	1.41	269	1.84	286	1.95
400×400	230	1.29	250	1.40	269	1.51	288	1.61	307	2.10	326	2.23
400×450	259	1.45	281	1.57	302	1.70	324	1.82	346	2.36	367	2.51
300×625	270	1.51	293	1.64	315	1.77	338	1.89	360	2.46	383	2.62

表 2-8　保温层厚度为 80 mm 时外墙剪切力 Q_g 与挠度 Δ

保温层厚度 $d_d = 80$ mm											
外叶墙厚度（mm）	60		65		70		75		80		85	
连接件锚固长度 h_v（mm）	38		38		38		38		51		51	
悬臂计算长度 d_A（mm）	70		70		70		70		76		76	
连接件布置间距（mm）	Q_g（N）	Δ（mm）	Q_g（N）	Δ（mm）	Q_g（N）	Δ（mm）	Q_g（N）	Δ（mm）	Q_g（N）	Δ（mm）	Q_g（N）	Δ（mm）
300×300	130	1.01	140	1.10	151	1.18	162	1.27	173	1.60	184	1.70
350×350	176	1.38	191	1.49	206	1.61	221	1.72	235	2.17	250	2.31
400×350	202	1.58	218	1.71	235	1.84	252	1.97	269	2.49	286	2.64
400×400	230	1.80	250	1.95	269	2.10	288	2.25	307	2.84	326	3.02
400×450	259	2.03	281	2.19	302	2.36	324	2.53	346	3.20	367	3.40
300×625	270	2.11	293	2.29	315	2.46	338	2.64	360	3.33	383	3.54

三、吊件

预制构件一般是通过端部预埋吊件起吊移动的。吊件包括吊钉、钢筋吊环等。钢筋吊环通过钢筋与混凝土之间的黏结力承受构件的重量。实际生产中一般采用吊钉（见图 2-4），吊钉通过扩大的圆脚将荷载传递到混凝土上而受力。

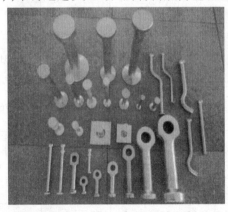 

图 2-4　吊钉示意图

在吊装构件时，由于构件自重较大，需要对吊钉的型号进行选择，并对吊钉进行失效分析，防止吊钉发生拔出或拔断的情况。

如果吊链在使用时形成一个力三角，那么对比较简单的垂直提拉来说，作用于吊钉（吊链载荷）的力随展开角的增大而增加。在选择吊装吊钉时，展开角度 α 由张角系数 ω 修正

（见图2-5）。建议展开角为60°,应避免90°以上的张角,严禁120°以上的张角。张角系数见表2-9。

　　动态力大小主要取决于起重机与荷载传递机构之间的连接。钢丝绳或合成纤维缆绳具有减振效应,且该效应随缆绳长度的增加而增强,反之则不利于减振。在不利于减振的条件下,作用于吊钉的力必须根据表2-10核算。

　　当预制构件拆模起吊时,由于受模板吸力、黏附力和摩擦力的影响,吊钉所承受的拉力大于构件自重。在模板上使用合适的脱模剂可减小这些影响。模板的黏附力由模板表面的类型决定,黏附力与模板表面种类的关系见表2-11。

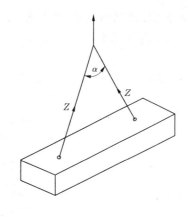

图2-5　展开角度 α 示意图

表2-9　张角系数

展开角度 α	0°	30°	60°	90°
张角系数 ω	1	1.04	1.16	1.41

表2-10　冲击系数

吊运设备	吊运速度（m/min）	冲击系数 φ
固定/回旋/导轨式起重机	<90	1.0
固定/回旋/导轨式起重机	≥90	≥1.3
通过在平地上行走的推土机吊运	—	≥1.65
通过在不平地上行走的推土机吊运	—	≥2.0

表2-11　黏附力与不同模板表面种类的单位面积黏附力

模板表面种类	黏附力
平滑的/有油的模面	1 kN/m²
平滑的/无油的模面	2 kN/m²
粗糙的模面	3 kN/m²

四、防水

外墙渗漏取决于三个因素:水、缝隙、移动水的力。

（1）对于"水",有固、液、气三种状态,可通过控制水路的方式尽量避免其接近缝隙,如滴水线的设计等。

（2）对于"缝隙",首先应先避免外墙不必要的缝隙;其次对外墙必须存在或可能出现的缝隙进行分类剖析。

（3）对于"移动水的力",有水自身特性形成的内部因素,如重力、表面张力和毛细管现象,也有外部因素,如动能、气流和压力差。可通过设计坡度、滴水线、扩大腔体、泛水、企口、等压腔等构造措施应对,水平缝常采用企口缝或高低缝形式,竖缝常采用双直槽缝形式。门窗防水见图2-6。

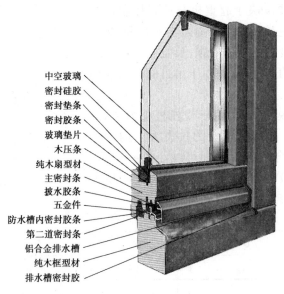

中空玻璃
密封硅胶
密封垫条
密封胶条
玻璃垫片
木压条
纯木扇型材
主密封条
披水胶条
五金件
防水槽内密封胶条
第二道密封条
铝合金排水槽
纯木框型材
排水槽密封胶

图2-6 门窗防水

对于装配式外墙板来说,接缝分为预制构件与现浇部分间的接缝、预制构件间的接缝。前者常采用经密封材料处理的封闭式接缝设计,后者采用封闭式接缝与开放式接缝两种形式。外墙板缝防水见图2-7。

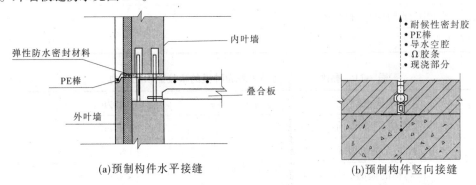

弹性防水密封材料

PE棒

外叶墙

内叶墙

叠合板

(a)预制构件水平接缝

耐候性密封胶
PE棒
导水空腔
Ω胶条
现浇部分

(b)预制构件竖向接缝

图2-7 外墙板缝防水

(1)封闭式接缝采用以材料防水"堵"为主,构造防水"导"为辅的设计方式。外墙防水性能与密封材料的性能及耐久性直接相关,需要定期维修,也是国内目前常用的接缝防水方式。封闭式接缝设计需考虑接缝的宽度、深度等尺寸,结合节点处理,兼顾施工因素,并决定其形状。

(2)开放式接缝采用以构造防水"导"为主,材料防水"堵"为辅的设计方式。是一种让建筑外侧处于开放或半开放状态,对建筑内侧进行气密处理,通过等压原理确保水密性和气密性。这种接缝通过用发泡材料将外墙板接缝空间划分为小的区域,让接缝空间内与室外气压瞬间平衡。它适用于高层建筑材料相同、防水走向连续清晰的墙面,耐久性高。

五、预埋螺母孔洞

为满足施工过程中构件安装、固定、连接和防护等需求,在深化设计时,确定关键施工技术,明确生产制作时预埋施工所需螺母、孔洞的位置、数量、类型等,避免后期变动。

(一)预埋螺母

预埋螺母通常埋置于门洞口加固处、斜支撑连接点。

1.门洞口加固用预埋螺母

当门洞口过大时,吊装构件会因自重导致自身变形,造成内角处混凝土开裂,严重影响构件外观和安全质量。为避免该情况出现,制作时应在门洞口开口底部预埋内螺母,吊装前安装槽钢(见图2-8)。

图2-8　预制墙体加固措施示意图

2.斜支撑预埋螺母

预制构件吊装就位加固后,摘取吊钩。预制构件通常使用可调节长度的杆件固定,杆件一端与预制构件上预埋内螺母连接,另一端与楼板进行可靠连接(见图2-9)。

图2-9　斜支撑连接件示意图

预埋内螺母作为支撑点设置在预制构件上,内墙板宜在两面对称预埋。外墙板仅在内侧预埋,连接杆件作为撑杆使用,并另外设置可靠连接,确保墙板连接稳固,见图2-10。

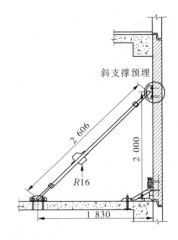

图 2-10　墙板斜支撑预埋螺母固定

预制墙板宜设置两个支撑点。如设置一个支撑点,生产工艺无法确保支撑点正好在构件重心处。假设支撑点在墙板重心处,但是也无法保证预制墙板底部连接受力均匀,这样就会使预制墙板连接处两边受力不均,造成墙板旋转。三个及以上支撑点,由于杆件是手动连接、调节的方式,所以无法保证所有连接杆件受力均匀,存在安全隐患。另外,墙板底部和下部结构接触的地方也是可靠连接,支撑点过多,造成材料浪费。两个支撑点各设计在沿墙宽1/4 质量处,既保证了连接杆件受力均匀、构件连接牢固,又节约了材料。

预制墙板支撑点高度宜设置在墙板高的2/3 处,一是因为支撑点越高,连接杆件受力越小,预制墙板固定后越稳定;二是工人操作时不用垫高即可紧固螺丝,施工方便安全。

(二)预留孔洞

预留孔洞通常留设在模板对拉、外挂架连接处。

1. 模板对拉孔

对拉螺栓是拉紧两侧模板的紧固系统(见图 2-11)。对拉螺栓可预埋在现浇段内,也可穿在预制构件预留孔洞内。若预埋在现浇段内,对拉螺栓需配备专用套管使用,否则对拉螺栓无法周转使用、增加成本。

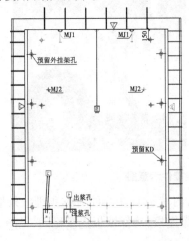

图 2-11　模板对拉螺栓孔设计及实物图

对拉螺栓起到保证模板成型结构尺寸,浇筑时不产生变形,不发生涨模、爆模等作用。因此,预制构件上的预留孔洞与底面的距离、孔洞之间的距离、构件边缘间距都要满足要求。

预留孔洞应与底部间距适宜,过大会使下部的模板角无法紧贴构件侧面,在浇筑振捣时容易造成漏浆;过小则使模板开口位置距边太近,在紧拉模板时容易造成模板边缘变形,影响模板的周转使用次数,增加生产成本。

2. 外挂架连接孔

外挂架通过连接螺杆固定在外墙上(见图2-12),预埋孔洞的大小、间距和距上边缘的距离都需经过预先设计。

图 2-12　外挂架连接图

连接孔需避开预制构件之间的现浇段,在布置时存在一定影响,要控制好各孔之间的距离,避免间距过大。外挂架中,螺栓为主要受力部分,螺栓的直径和材质选择极为关键。在生产时,孔洞要预留出足够的空隙,预防墙与外挂架孔误差过大。

第二节　整体预制卫生间

整体预制卫生间是指将房屋建筑中的卫生间按设计在工厂预制,并在专用生产线上装配,出厂时照明、管线及洁具等基本装配完毕的盒子形立体房间。

整体预制卫生间最早出现在苏联,是最早的建筑预制部件之一。1920 年左右,最先在莫斯科采用钢筋混凝土和陶黏混凝土制造了第一批整体预制卫生间,1956 年在基辅地区也被采用,以后逐渐普及推广。我国在 20 世纪 80 年代也掀起了整体预制卫生间的研究热潮。但受制于当时建筑行业工业化程度不高,仍以手工生产为主,并没有得到大面积的推广应用。随着建筑工业化的发展、生产工具的革新、新材料的出现,整体预制卫生间产品也获得较大的发展。根据主体材料的不同,目前全国范围内装配式住宅使用的整体预制卫生间产品主要有:混凝土整体预制卫生间、钢结构整体预制卫生间和新材料整体预制卫生间。

一、混凝土整体预制卫生间

混凝土整体预制卫生间(见图2-13),是将现场的钢筋绑扎、管道预埋、混凝土浇筑等工序移至工厂进行,养护完成后可直接运输至施工现场吊装。它与传统现场浇筑卫生间的区别不仅仅是生产位置由现场转移到了工厂,还具有以下特点:

(1)将钢筋混凝土外墙体和内隔墙体在工厂内一次浇筑成型,内外墙体的装修工序也可在工厂内完成,之后将预制成型的卫生间模块运至施工现场,与每层工程主体同步施工。

（2）充分应用工厂生产精细化管理优势,将所有可能漏水的位置进行高质量处理,卫生间整体性得到了保证。各个环节严检严控,成本低,成品质量高,与现场施工工序契合度高,对现场条件依赖小。

（3）后期装修自主权仍可交给用户,市场潜力巨大。

二、钢结构整体预制卫生间

钢结构预制整体卫生间（见图 2-14）是在车间生产,主要由钢材焊接组成框架型结构,一般底部采用槽钢或工字钢焊接,立柱采用方钢,在墙体的基础上安装墙体材料,包括彩钢板、玻璃钢、不锈钢、金属雕花板等。卫生间框架式的机构能够满足吊装和运输的要求,并具有以下特点:

图 2-13　混凝土整体预制卫生间

图 2-14　钢结构整体卫生间

（1）外形结构轻巧,可组合,安全可靠,可移动性强。

（2）形式多样,可以根据使用环境的不同和客户的需求进行功能定制。

（3）占地面积小,便于管理与维护。

（4）较传统卫生间的构建,钢结构卫生间周转使用率高,并在建造上大大节约了人力、物力和财力。

三、新材料整体预制卫生间

新材料整体预制卫生间是采用工业化方式生产的一体化防水底盘或浴缸和防水底盘的组合以及墙板、顶板构成的整体框架,配上各种功能洁具,组装成型的独立卫生单元（见图 2-15）。整体卫生间以标准化、模数化为基础,内部功能部件通用化程度高,完全在工厂内装配完成,运送到住宅施工建造现场进行吊装,是全装修一体化的重要内容。

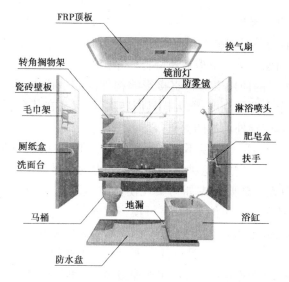

图 2-15　新材料整体预制卫生间组合示意图

第三节　模具设计

预制构件模具是一种组合型结构模具,可满足预制构件浇筑和模具再利用的需要,见图 2-16。依照构件图纸和生产要求进行设计制作,使混凝土构件按照规定的位置、几何尺寸成形,保持建筑模具的正确位置,并承受建筑模具的自重及作用在其上的构件侧部压力荷载。

图 2-16　模具图例

模具在设计时要注意以下问题:在设计时要注意板材的使用厚度,主要由生产所需模具周转次数来确定;支撑材料的选用要依照预制构件的大小及外形尺寸;模具的安装拆卸要考虑施工方便、节省时间;预埋件孔位的位置要合理,预埋件支撑的位置调节及固定要安全可靠;模具的设计要考虑作业顺序、焊接量的控制及变形后的修正、精度要求、运输、包装、防护等。

模具设计要考虑以下因素：

（1）成本。模具的费用对于整个工业化建筑成本而言非常重要，所以设计模具时应考虑在满足使用要求和周期的情况下应尽量降低质量。

（2）使用寿命。模具的使用寿命将直接影响构件的制造成本，所以在模具设计时就要考虑到给模具赋予一个合理的刚度，增大模具周转次数，保证在某个项目中不会因模具刚度不够导致二次追加模具或额外增加的模具等维修费用。

（3）质量。构件品质和尺寸精度不仅取决于材料性能，成型效果还依赖于模具的质量。特别是随着模具周转次数的增加，这种影响将体现得更为明显。

（4）通用性。模具设计还要考虑如何实现模具的通用性，即提高模具重复利用率。一套模具在成本适当的情况下尽可能地满足"一模多制作"。

（5）效率。在生产过程中，对生产效率影响最大的工序是组模、预埋件安装以及拆模，其中就有两道工序涉及构件模具，模具设计合理与否对生产效率尤为关键。

（6）方便生产。模具最终是为构件厂生产服务的，不单是模具刚度及尺寸要符合规定，构件生产工艺还应满足工艺要求。

（7）方便运输。这里指的是车间内部完成的运输。在自动化生产线上模具是要跟着工序移动的，所以在不影响使用周期的情况下进行轻量化设计，既可以降低成本又可以提高作业效率。

（8）三维软件设计。由于构件造型复杂，模具的设计可采用三维软件，使整套模具设计体系更加直观化、精准化。

习 题

一、填空题

1. 保温层设置在_____与_____之间，能有效地隔绝空气，增强了整体的保温性能、耐久性能、防火性能，克服了保温材料的缺点，真正做到了与建筑同寿命。

2. 预制混凝土夹心保温外墙板的保护层、保温层和结构层通过_____连接。

3. 预留孔洞通常使用在_____、_____。

4. 预留孔洞距底过大，在浇筑振捣时_____；过小，在紧拉模板时_____
_____。

5. 建筑外墙结构_____是表示建筑外墙保温性能的重要指标之一。

6. 预制构件间的接缝采用两种形式，即_____和_____。

二、选择题

1. 复合材料的优点是（   ）。

    A. 强度高   B. 导热系数低   C. 弹性和韧性好   D. 价格低

2. 外墙渗漏取决于（   ）等三个因素。

    A. 水   B. 缝隙   C. 移动水的力   D. 墙厚

3. 预制建筑模具设计时要注意的问题有（   ）。

    A. 板材的使用厚度   B. 支撑的材料的选用

    C. 模具的安装拆卸   D. 预埋件孔位的调节及固定

4.保温连接件受力主要有( )等。

  A.外叶墙自重和动力系数   B.模板的吸附力

  C.风力   D.地震力

5.综合考虑挤塑聚苯板外墙的导热系数及成本,优选( )厚作为保温层。

  A.40 mm   B.50 mm   C.60 mm   D.70 mm

三、简述题

1.简述装配式外墙板接缝防水的做法。

2.简述封闭式接缝与开放式接缝的优缺点。

3.简述预制叠合楼板的支撑点在设计时要注意的问题。

4.简述混凝土整体预制卫生间的优点。

5.简述预制建筑模具设计要考虑的因素。

第三章　制作准备

1. 了解生产计划的内容。

2. 熟悉模具安装、钢筋安装、混凝土浇筑、脱模、洗水、修补、养护所需的施工机具及材料要求。

3. 掌握模具安装、钢筋安装、混凝土浇筑、脱模、洗水、修补、养护的技术准备及施工要求。

外墙板、内墙板、叠合板、楼梯、阳台等部品部件在车间进行工厂化生产,需要进行科学的生产组织。在生产实施前期,应根据建设单位提供的深化设计图纸、产品供应计划等组织技术人员对项目的生产工艺、生产方案、进场计划、人员需求计划、物资采购计划、生产进度计划、模具设计、堆放场地、运输方式等内容进行策划,同时根据项目特点编制相关技术方案和具体保证措施,保证项目实施阶段顺利进行。

第一节　生产准备

生产过程开始前需编制生产计划,生产计划的编制是否合理将直接影响工厂生产效率和运行成本。

一、生产计划编制

生产计划包括物料需求计划和生产作业计划。

(一)项目生产计划

构件厂在接到订单后,要制订整个项目的物料需求计划和生产作业计划,项目的物料需求计划包括原材料、辅助材料、生产工具、设备配件等所有物资用量,并预测每月的物料需求,便于采购部门根据物料需求计划估算金额,从而制订每月资金需求计划,报财务部门。同时要制订每月生产作业计划,安排生产进度,便于组织人力和设备以满足进度要求。

(二)月生产计划

月生产计划包括月物料需求计划和生产作业计划。在项目开始实施后,计划部门要根据项目总体要求,分别制订月物料需求计划,包括材料名称种类、规格型号、单位数量、交货期等内容,并及时跟踪材料的采购进度。同时要制订每天的作业计划,并检查计划的完成情况,以满足交货要求和安装单位的临时要求。

二、资源配置

车间通过一定的方式把有限的资源合理分配到社会的各个生产线中,以实现资源的最佳利用,即用最少的资源耗费,生产出最适用的产品,获取最佳的效益。

(一)人员需求

为完成实际生产既定目标,生产部门应根据生产任务总量、劳动生产率、计划劳动定额和定员的标准来确定人员的需求量。

(二)物资需求

计划部门根据生产计划总体要求,分别制订物资需求计划,包括机具和材料的名称、种类、规格、型号、单位、数量、交货日期等内容,并及时跟踪材料的采购进度。

三、案例

某预制楼梯项目的实施过程主要包括:构件类型统计,加工图设计、楼梯模具采购、材料准备和人员计划等方面。

(1)构件类型统计。本项目预制的楼梯参数为:单跑宽度 1.16 m,每层总计 46 跑,层高 2.9 m,最终合计 692 跑(见表 3-1)。

表 3-1　某项目预制楼梯统计

序号	楼号	层高(m)	楼梯间宽度(m)	楼梯类型	单重(t)	数量(跑)
1	1#、2#、3#、6#、7#	2.9	2.5	JT－29－25	4.5	280
2	4#、5#、10#、11#	2.9	2.5	JT－29－25	4.5	240
3	8#、9#	2.9	2.5	JT－29－25	4.5	144
4	12#	2.9	2.5	JT－29－25	4.5	28

(2)加工图设计。预制楼梯按照《预制混凝土板式楼梯》(15G 367)进行设计和制作,设计方案如图 3-1 所示。

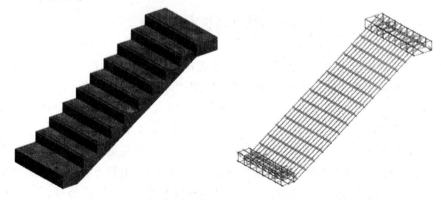

图 3-1　某项目楼梯设计方案

(3)楼梯模具采购。计划投入 JT－29－25 模具 5 套(见图 3-2),每天生产 10 跑楼梯,5 d 生产楼梯为 50 跑,大于每层需求 46 跑(项目现场施工进度每 5 d 一层),生产计划满足现场施工需求。

图 3-2　立式浇筑楼梯模具

（4）材料准备。根据楼梯项目设计图纸,核算钢筋采购总量、钢筋加工尺寸和所需砂石量,并有序安排材料进场计划,以满足生产和项目安装的需求。

（5）人员计划。合理组织人员及材料进场,根据项目预制构件需求计划,工厂编制设备及工种需求计划,配备的人员情况如表 3-2 所示。

表 3-2　人员需求计划

班组	人数	说明
钢筋制作、加工	2 人	含施工项目现场钢筋配送工作人员
模具班组	2 人	含模板支设、拆除、清理人员
钢筋班组	2 人	含钢筋绑扎、预埋人员
混凝土班组	3 人	含混凝土浇筑、振捣、收面人员
合计	9 人	—

第二节　技术准备

生产技术准备工作通常从选定产品方向、确定产品设计原则和进行技术设计开始,经过一系列生产技术工作直至能合理高效地组织产品投产。

一、图纸交底

预制构件生产前,应由建设单位组织设计、生产、施工单位进行设计图纸交底和会审。必要时,应根据批准的设计文件、拟定的生产工艺、运输方案、吊装方案等编制加工详图。

二、生产方案编制

预制构件生产前应编制生产方案,生产方案宜包括生产计划和生产工艺、模具方案及计划技术质量控制措施、成品存放、运输和保护方案等。必要时,应对预制构件脱模、吊运、码放、翻转及运输等工况进行计算。预制构件和部品生产中采用新技术、新工艺、新材料、新设备时,生产单位应制订专门的生产方案。

三、质量管理方案

生产单位的检测、试验、张拉、计量等设备及仪器仪表均应检定合格,并应在有效期内使用。不具备试验能力的检验项目,应委托第三方检测机构进行试验;预制构件的原材料质量、钢筋加工和连接的力学性能、混凝土强度、构件结构性能、装饰材料、保温材料及拉结件的质量等均应根据国家现行有关标准进行检查和检验,并应具有生产操作规程和质量检验记录;预制构件生产的质量检验应按模具、钢筋、混凝土、预应力、预制构件等检验进行。预制构件的质量评定应根据钢筋、混凝土、预应力、预制构件的试验、检验资料等项目进行。当上述各检验项目的质量均合格时,方可评定为合格产品。

四、技术交底与培训

技术交底是由工厂专业技术人员向参与生产的人员针对构件生产方案进行的技术性交待,其目的是使生产作业人员对构件特点、技术质量要求、生产方法与措施和安全等方面有一个较详细的了解,以便于科学地组织施工,避免技术质量等事故的发生。

五、工序技术准备

(一)模具

1. 验收

(1)对试验、检测仪器设备进行校验,计量设备应经计量检定、校准,确保各仪器、设备满足要求。

(2)对进厂的模具进行翘曲、尺寸、对角线差以及平整度等检查,确保其符合国家相关规范要求。

2. 作业条件

(1)预制场地的设计和建设应根据不同的工艺、质量、安全和环保等要求进行,并符合国家的相关标准或要求。

(2)模具拼装前须清洗,对钢模,应去除模具表面铁锈、水泥残渣、污渍等。模台清理见图3-3。

图3-3　模台清理

(3)模具安装前,确保模具表面光滑干爽,且衬板没有分层的情况。

3.技术要求

(1)模具安装前必须进行清理,清理后的模具内表面的任何部位不得有残留杂物。

(2)模具安装应按模具安装方案要求的顺序进行。

(3)固定在模具上的预埋件、预留孔应位置准确、安装牢固,不得遗漏。

(4)模具安装就位后,接缝及连接部位应有接缝密封措施,不得漏浆。

(5)模具安装后相关人员应进行质量验收。

(6)模具验收合格后模具面应均匀涂刷界面剂,模具夹角处不得漏涂,钢筋、预埋件不得沾有界面剂。

(7)脱模剂应选用质量稳定、适于喷涂、脱模效果好的脱模剂,并应具有改善混凝土构件表观质量的功能。

(二)钢筋

1.作业条件

(1)钢筋加工场地和钢筋骨架预扎场地应根据要求规划好,场地均应平整坚实。

(2)钢筋骨架存放区域应在龙门吊等吊运机械工作范围内。

2.技术要求

(1)钢筋施工应依据已确认的施工方案组织实施,焊工及机械连接操作人员应经过技术培训考试合格,并具有岗位资格证书。

(2)钢筋骨架绑扎前应对施工人员进行技术交底。

(3)外委加工的钢筋半成品、成品进场时,钢筋加工单位应提供被加工钢筋的力学性能试验报告和半成品钢筋出厂合格证,订货单位应对进场的钢筋半成品进行抽样检验。

(三)混凝土

1.作业条件

(1)浇筑混凝土前,模具内表面应干净光洁,无混凝土残渣等任何杂物,钢筋出孔位及所有活动块拼缝处无累积混凝土。

(2)混凝土浇筑前,施工机具应全部到位,且存放位置方便施工人员使用。

2.技术要求

(1)原材料进场前应对各原材料进行抽样检验,确保各原材料质量符合国家现行标准或规范的相关要求。

(2)浇筑前对混凝土质量进行抽样检验,包括混凝土坍落度、现场温湿度等,均应符合国家现行标准或规范的相关要求。

(3)混凝土浇筑前,应根据规范要求对施工人员进行技术交底。

(四)脱模与吊装

1.作业条件

(1)脱模前,对施工人员进行技术交底,确保脱模顺序应按模板设计施工方案进行。

(2)脱模前检查混凝土强度,确保符合脱模要求。

2. 技术要求

（1）对后张预应力构件，侧模应在预应力张拉前拆除；底模如需拆除，则应在完成张拉或初张拉后拆除。

（2）脱模时，应能保证混凝土预制构件表面及棱角不受损伤。

（3）模板吊离模位时，模板和混凝土结构之间的连接应全部拆除，移动模板时不得碰撞构件。

（4）模板拆除后，应及时清理板面；对变形部位，应及时修复。

（五）洗水、修补及养护

（1）洗水前根据规范要求，宜控制好合适的水压。

（2）检查构件缺陷，及时进行修补。对有严重缺陷的构件，应制订专项修补方案，不得擅自处理。

（3）选择合理的养护方式，选择时应考虑现场条件、环境温湿度、构件特点、技术要求、施工操作等因素。

第三节　工装准备

预制构件在工厂生产完成，与传统的建造形式相比，在工艺装备（工装）应用方面存在着较大的差别。本节针对构件生产及运输环节，对工装用途、使用方法和工装在安全质量控制方面的注意事项等方面进行介绍。

一、生产工装系统

预制构件制作时，需使用多种标准或非标准的工装，本节以构件制作时常规工序流程为主线，从工序名称、工装名称及照片、主要用途、控制要求、流程示意、重点工装介绍、质量控制要点等几个方面，介绍梁、柱、墙、板等预制构件制作过程中需使用的标准或非标准化工装系统及其应用。

（一）制作工序

预制构件主要制作工序见图3-4。

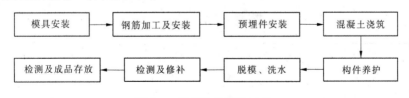

图3-4　预制构件制作工序

（二）各工序工装简介

1. 模具安装常用工装

预制构件模具安装过程中主要使用的工装有平头铁铲、铁锤、手磨机、砂纸、扫把、毛刷、小桶、物品存放架、滚刷、两用扳手、棘轮扳手、磁盒、撬棍、自制磁盒撬棍、玻璃胶枪、电动扳手等，见表3-3。

表 3-3　模具安装常用标准工装

序号	工装名称	工装图片	主要用途	控制要求
1	平头铁铲		铲除模台异物	不易变形、硬度大, 不损伤模台面
2	铁锤		敲配件、清除表面混凝土	高碳钢材质, 硬度大, 抗冲击性强, 要求木质握柄
3	手磨机		清扫模台、除锈	电压:220 V/50 Hz 功率:≥120 W
4	砂纸		清模,除去铁锈等	精度≥320 目
5	扫把		清扫	便于使用、耐用
6	毛刷		刷缓凝剂、脱模剂	刷涂均匀,涂刷厚度不超过 3 mm

续表 3-3

序号	工装名称	工装图片	主要用途	控制要求
7	小桶		装脱模剂、缓凝剂	方便耐用
8	物品存放架		存放模具配件	牢固,不易掉落
9	滚刷		涂刷脱模剂	涂刷均匀,涂刷厚度不超过 3 mm
10	两用扳手		装拆螺栓	强度高
11	棘轮扳手		装拆螺栓	强度高
12	磁盒		固定模具边板	间距不超过 0.5 m

续表 3-3

序号	工装名称	工装图片	主要用途	控制要求
13	撬棍		松紧模具、配件	耐用、强度大、不变形
14	自制磁盒撬棍		撬磁盒	材质为高碳钢，硬度大
15	玻璃胶枪		堵模具缝隙、孔洞	使用方便、经久耐用
16	电动扳手		快速装拆螺栓	电压:220 V/50 Hz 适用范围: M12 ～ M20

2.钢筋安装工装

钢筋安装常用工装有卷尺、石笔、钢筋支架、钢筋钩、自锁链条吊扣、钢筋扳手,见表 3-4。

表 3-4　钢筋安装常用标准工装

序号	工装名称	工装图片	主要用途	控制要求
1	卷尺		测量定位	±1 mm
2	石笔		定位画点	钢筋中心线偏差 ±5 mm

续表 3-4

序号	工装名称	工装图片	主要用途	控制要求
3	钢筋支架		架立钢筋、绑扎点画线定位、存放钢筋	定位准确
4	钢筋钩		绑扎钢筋	使用方便、经久耐用
5	自锁链条吊扣		吊运钢筋笼	必须有足够的强度、刚度及稳定性,安全性能好
6	钢筋扳手	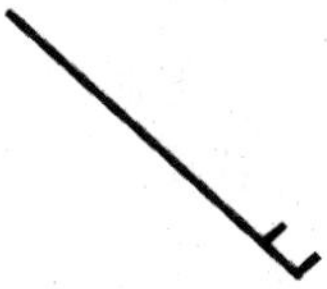	垫保护层,弯钢筋	直径 16 mm 以内钢筋适用

3. 预埋件安装常用工装

预埋件安装常用工装有螺杆、磁座、定位铁块、十字螺钉、牛皮胶带、弹簧、线管钳、定位磁座、胶波、蝴蝶扣、穿孔棒、穿孔胶塞、固定架、磁性吸盘、灌浆套筒固定杆、PE 棒等,常用工装介绍见表 3-5。

表 3-5 预埋件安装常用工装

序号	工装名称	工装图片	主要用途	控制要求
1	螺杆	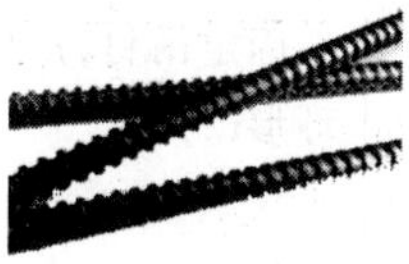	固定预埋螺栓(正打工艺)	螺杆需完全拧入预埋螺栓
2	磁座	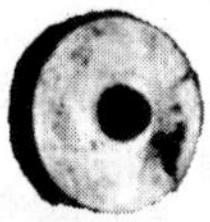	固定预埋螺栓(反打工艺)	磁座预留螺丝需完全拧入预埋螺栓
3	定位铁块		固定、保护灯箱灯盒	两个预留螺丝孔与线盒预留螺丝孔通过十字螺钉紧密连接

续表 3-5

序号	工装名称	工装图片	主要用途	控制要求
4	十字螺钉		连接定位铁块与线盒	螺钉需拧紧
5	牛皮胶带		堵缝及堵孔	需与连接部位紧密接触,并按压挤出空气
6	弹簧		辅助弯曲线管	端部连接一条铁丝,完全插入线管里
7	线管钳		弯曲、定型、剪切线管	线管切口需平整
8	定位磁座		固定预留管或预留洞	磁座与钢板需紧密连接,对拉杆需拧紧
9	胶波		固定吊钉,形成半球形吊钉位	吊钉头部需完全被胶波覆盖紧密
10	蝴蝶扣		将胶波固定在模具边板	一边伸入胶波,一边与模具边板紧密固定

续表 3-5

序号	工装名称	工装图片	主要用途	控制要求
11	穿孔棒		预留铝模孔用	固定穿孔棒,防止偏移、倾斜
12	穿孔胶塞		固定灌浆套筒底部	胶塞需完全拧入灌浆套筒底部,并拧紧
13	固定架		固定波纹管(正打工艺)	需用钢丝将波纹管顶部绑扎在固定架的预留杆上
14	磁性吸盘		固定波纹管(反打工艺)	混凝土振捣时,捣棒不能碰到磁性吸盘,以免造成波纹管移位
15	灌浆套筒固定杆		精准固定灌浆套筒的位置及插入钢筋长度	固定杆需提前与边模固定
16	PE棒	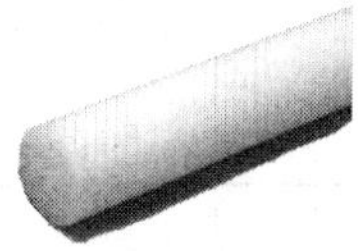	模板条形缝隙封堵	PE棒两段各伸出缝隙 1 cm,挤压密实

4. 混凝土浇筑常用工装

混凝土浇筑常用工装有红外测温仪、坍落度筒、捣棒、高精度钢尺、运料斗、长柄铁铲、手持式振捣棒、木抹子、铝方通、抹刀、拉毛刷、毛刷等,常用工装介绍见表3-6。

表 3-6 混凝土浇筑常用标准工装

序号	工装名称	工装照片	主要用途	控制要求
1	红外测温仪		测量混凝土温度	测量从料斗放出 10 s 后的混凝土温度
2	坍落度筒、捣棒、高精度钢尺		测量混凝土坍落度	测量从料斗放出 10 s 后混凝土坍落度
3	运料斗		运输下料	混凝土进入运料斗后需在 30 min 内使用完
4	长柄铁铲		二次摊平混凝土	局部布料不均匀时,人工用铁铲铺平
5	手持式振捣棒		振捣密实混凝土	振捣时快插慢拔,先大面后小面;振点间距不超过 300 mm,且不得靠近洗水面模具
6	木抹子		第一遍整平	边角处需细抹
7	铝方通		墙板抹平	边角处需细抹

续表 3-6

序号	工装名称	工装照片	主要用途	控制要求
8	抹刀	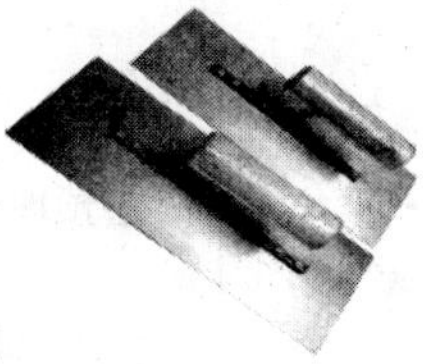	表面压光、抹面	边角处需细抹
9	拉毛刷		叠合板表面拉毛	粗糙面的深度需不小于 4 mm
10	毛刷		洗水面刷缓凝剂	刷缓凝剂需厚薄均匀

5. 养护常用工装

养护常用工装有摇臂式喷头、薄膜等,常用工装介绍见表 3-7。

表 3-7　养护常用工装

序号	工装名称	工装图片	主要用途	控制要求
1	摇臂式喷头		淋水养护	金属材质,耐腐耐锈
2	薄膜	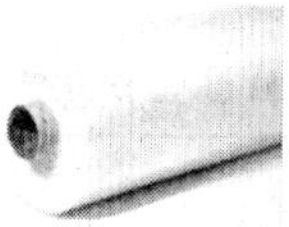	混凝土养护	平整

6. 脱模、洗水常用工装

脱模、洗水常用工装有两用扳手、套筒扳手、撬杠、吊梁、吊环、吊链、铁锤、手持喷码机、洗水枪等,主要工装介绍见表 3-8。

表3-8　脱模、洗水常用标准工装

序号	工装名称	工装图片	主要用途	控制要求
1	两用扳手		松预埋件	扳手口部两侧面粗糙度 Ra 值不大于 12.5 μm;开口深度符合产品的标准口深尺寸;开口精度符合产品的标准开口尺寸精度要求
2	套筒扳手		松预埋件	套筒头加硬加厚;开口深度符合产品的标准口深尺寸;开口精度符合产品的标准开口尺寸精度要求
3	手持喷码机		对预制构件进行标识	字模清晰、规整 二维码3-1　构件标识(喷码)
4	洗水枪		用于冲洗水面	水枪360°调节出水,出水稳定无漏水

7. 检查及修补常用工装

检查及修补常用工装有卷尺、角尺、水平尺、吊线坠、灰铲、手磨机、毛刷、砂纸、电锤、钢丝刷等,常用工装介绍见表3-9。

表3-9　检查及修补常用标准工装

序号	工装名称	工装图片	主要用途	控制要求
1	角尺		预制件直角检查	测量面和基准面相互垂直,铸铁直角尺材质按《直角尺》(GB 6092—2004)标准制造,材料为 HT 200 – 250
2	水平尺		水平度检查	质量轻、不易变形

续表 3-9

序号	工装名称	工装图片	主要用途	控制要求
3	吊线坠	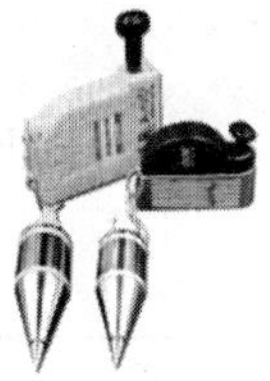	垂直度检查	坠的质量适中,满足使用要求
4	灰铲		预制件表面修补	铲身耐用、耐变形,铲柄实木材质
5	电锤	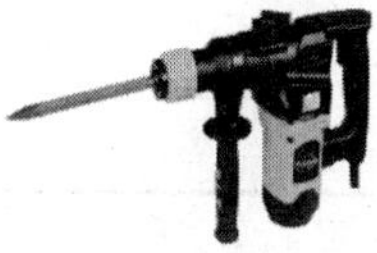	构件表层处理	电压:220 V/50 Hz 功率:≥1 200 W
6	钢丝刷		表面处理	不易断丝、耐用

8.检测及成品存放常用工装

检测及成品存放常用工装有回弹仪、钢筋保护层测定仪、吊梁、吊环、吊链、翻转架、木方、存放架等,常用工装介绍见表 3-10。

表 3-10 检测及成品存放常用工装

序号	工装名称	工装图片	主要用途	控制要求
1	回弹仪		回弹法检测混凝土强度	率定值 80±2
2	钢筋保护层测定仪		钢筋保护层厚度测定	最大允许误差 −2～2 mm

续表 3-10

序号	工装名称	工装图片	主要用途	控制要求
3	木方		作为垫块	防腐
4	竖向存放架		竖向预制构件存放	与预制件匹配,存放安稳
5	水平存放架		水平预制构件存放	与预制件匹配,存放安稳

二、吊装工装系统

预制构件吊装应根据其形状、尺寸及质量等要求选择适宜的吊具。吊具应按现行国家相关标准的有关规定进行设计验算或试验检验,经检验合格后方可使用。在对吊梁(起重架)吊点位置、吊绳吊索及吊点连接安装检查完毕后,首先对构件进行试吊,确认试吊正常后,开始进行构件起吊。本节主要介绍预制构件起吊工装系统及其运用。

(一)起吊设备

预制构件起吊设备见表 3-11。

表 3-11　预制构件起吊设备

序号	工装名称	工装图片	主要用途	控制要求
1	龙门吊		主要用于堆场内构件的起重、转运	按照不同的吊装工况和构件类型选用,并依据使用规范进行吊装作业
2	桁吊		桁吊是建造车间最不可或缺的起吊设备,主要用于车间内工器具、构件的起重、吊装、转运	

（二）起吊工装系统

表 3-12 为预制构件起吊所用到的工装。

表 3-12　预制构件起吊工装

序号	工装名称	工装图片	主要用途	控制要求
1	扁担吊梁		适用于预制外墙板、预制内墙板、预制楼梯、预制 PCF 板、预制阳台板、预制阳台挂板、预制女儿墙板等构件的起吊	1. 由 H 型钢焊接而成，吊梁长度 3.5 m，自重 120～230 kg，额定荷载 2.5～10 t，额定荷载下挠度 11.3～14.6 mm，吊梁竖直高度 H 为 2 m。 2. 下方设置专用吊钩，用于悬挂吊索
2	框式吊梁		适用于不同型号的叠合板、预制楼梯起吊，可以避免局部受力不均造成叠合板开裂	1. 由 H 型钢焊接而成，长 2.6 m，宽 0.9 m，自重 360～550 kg，额定荷载 2.5～10 t，吊梁竖直高度 H 为 2 m。 2. 下方设计专用吊耳及滑轮组（4 个定滑轮、6 个动滑轮），预制叠合板通过滑轮组实现构件起吊后水平自平衡
3	八股头式吊索		采用 6×37 钢丝绳制成的预制构件吊装绳索	其长度应根据吊物的几何尺寸、质量和所用的吊装工具、吊装方法予以确定，吊索的安全系数不应小于 6
4	环状吊索			吊索与所吊构件间的水平夹角应为 45°～60°，吊索的安全系数不应小于 6

续表 3-12

序号	工装名称	工装图片	主要用途	控制要求
5	吊链		主要由环链与钢丝绳构成,是起重机械中吊取重物的装置	1. 依据工况及《起重吊带和吊链管理办法》使用。 2. 保证无扭结、破损、开裂,不能在吊带打结、扭、绞状态下使用。 3. 使用正确长度和吨位的吊带或吊链,不能超载和持久承受荷载
6	卸扣		索具的一种,用于索具与末端配件之间,起连接作用。在吊装起重作业中,直接连接起重滑车、吊环或者固定绳索,是起重作业中用得最广泛的连接工具	1. 卸扣应光滑平整,不允许有裂纹、锐边、过烧等缺陷。 2. 使用时,应检查扣体和插销,不得严重磨损、变形和存在疲劳裂纹;螺纹应连接良好。 3. 卸扣的使用不得超过规定的安全负荷
7	吊钩		借助于滑轮组等部件悬挂在起升机构的钢丝绳上,是起重机械中最常见的一种吊具	吊钩应有制造厂的合格证书,表面应光滑,不得有裂纹、划痕、刨裂、锐角等现象存在,否则严禁使用。吊钩应每年检查一次,不合格者应停止使用
8	球头(内丝)吊具系统		由高强度特种钢制造,适用于各种预制构件,特别是大型的竖向构件吊装,例如预制剪力墙、预制柱、预制梁及其他大跨度构件	起重量范围 1.3 ~ 45 t

续表 3-12

序号	工装名称	工装图片	主要用途	控制要求
9	TPA 扁钢吊索具系统		有多种吊钉形式可选,适用于厚度较薄的预制构件的吊装,例如薄内墙板、薄楼板	起重量范围 2.5～26 t
10	内螺纹套筒吊索系统		有多种直径的滚丝螺纹套筒,是经济型的吊装系统,适用于吊装重量较轻的预制构件	承重不可超出额定荷载,具体控制要求依据其使用规程
11	万向吊头(鸭嘴扣)		预制构件吊具连接件的一种,用于吊具与构件之间的连接。根据机械连接的设计原理,在吊链或吊绳拉紧时,允许荷载范围内鸭嘴扣可以与预埋件紧紧扣卡,而当吊绳松弛时,扣件可以从构件上轻松拆卸	1. 需要与构件上配套预埋件进行连接,在允许荷载范围内使用。 2. 在吊链或吊绳拉紧传力前,必须先与预埋件正确连接
12	手拉葫芦		一种使用简易、携带方便的手动起重机械	起重量一般不超过 100 t
13	吊架		起吊用具,使起吊构件保持平衡	最大额定起重量不小于 5 t

(三)起吊工装系统的应用

下面介绍几种常见预制构件的起吊工装系统的运用。

1.预制墙板(竖向构件)的起吊

预制墙板(竖向构件)的起吊工装见图 3-5。专用吊梁由 H 型钢焊接而成,根据各预制构件的不同尺寸、不同起吊点位置,设置模数化吊点,确保预制构件在吊装时钢丝绳保持竖直。专用吊梁下方应设置专用吊钩,便于悬挂吊索,进行不同类型预制墙体的吊装(具体吊梁和吊钩的设计及验算需根据具体项目构件情况而定)。

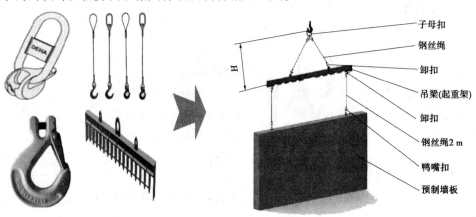

右侧标注(从上到下):
子母扣
钢丝绳
卸扣
吊梁(起重架)
卸扣
钢丝绳2 m
鸭嘴扣
预制墙板

图 3-5　预制墙板(竖向构件)的起吊工装

2.预制叠合板的起吊

预制叠合板厚度一般为 60 mm。起吊时,为了避免因局部受力不均造成叠合板开裂,故采用专用吊架(即叠合构件用自平衡吊架)吊装(见图 3-6)。吊架由工字钢焊接而成,并设置有专用吊耳和滑轮组,通过滑轮组实现构件起吊后的水平自平衡(具体吊架设计及验算需根据具体项目构件情况而定)。

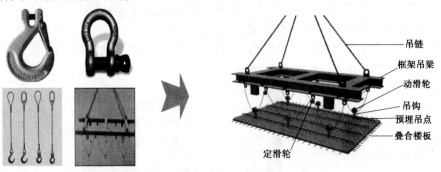

右侧标注(从上到下):
吊链
框架吊梁
动滑轮
吊钩
预埋吊点
叠合楼板
定滑轮

图 3-6　预制叠合板的起吊工装

3.预制楼梯的起吊

预制楼梯起吊时,由于楼梯自身抗弯刚度能够满足吊运要求,故预制楼梯采用常规方式吊运(即吊索+吊钩),见图 3-7。为了保证预制楼梯准确安装就位,需控制楼梯两端吊索长度,要求楼梯两端部同时降落至梯梁上。

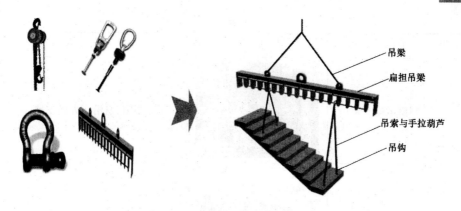

吊梁

扁担吊梁

吊索与手拉葫芦

吊钩

图 3-7　预制楼梯的起吊工装

（四）起吊工装系统的使用要求

（1）预制构件吊装宜采用标准吊具，吊具可采用预埋吊钉或内置式连接钢套筒形式。

（2）根据预制构件形状、尺寸及质量选择适宜的吊具。在起吊过程中，吊索水平夹角不宜大于 60°，小于 45°；尺寸较大或形状复杂的预制构件应选择设置分配梁或分配桁架的吊具，并应保证吊车主钩位置、吊具及构件重心在竖直方向上重合。

（3）构件起吊平稳后再匀速转动吊臂，调整构件姿态，由专业吊装人员操作，缓缓降到预定位置。

三、运输工装系统

运输工装系统包括预制构件运输过程中需使用的吊具、运输支架、固定装置等，根据运输构件结构形状，选用相应支架（如墙板运输支架、飘窗运输支架、阳台板运输支架、楼梯板运输支架及其工装系统）。

（一）预制构件运输流程

预制构件运输流程为：起吊→装车→紧固固定→运输→卸车。

（二）预制构件运输标准化工装系统

预制构件运输标准化工装系统包括吊架、吊链、帆布带、吊扣、吊钩、各类型的运输支架、垫木、绑扎材料、软垫片、花篮螺丝、收紧器等。

1. 起吊常用工装

运输起吊所用工装系统与预制构件起吊工装系统相同，详见本章第三节第二部分。

2. 装车常用工装

装车常用工装见表 3-13。

表 3-13　装车常用工装

序号	工装名称	工装图片	主要用途
1	预制墙运输支架		运输内外墙板

续表 3-13

序号	工装名称	工装图片	主要用途
2	飘窗运输支架		运输飘窗,窗沿下方做支撑,防止倾覆
3	阳台板运输支架		运输阳台板,防止倾覆
4	楼梯运输支架		运输楼梯时做水平支撑
5	叠合板运输支架		运输叠合板

3. 紧固固定常用工装

紧固固定常用工装见表 3-14。

表 3-14　紧固固定常用工装

序号	工装名称	工装图片	主要用途	控制要求
1	护角材料		钢丝绳绑扎收紧时保护产品边角不被勒破	塑料材质,厚度不得低于 3 mm

续表 3-14

序号	工装名称	工装图片	主要用途	控制要求
2	软垫片	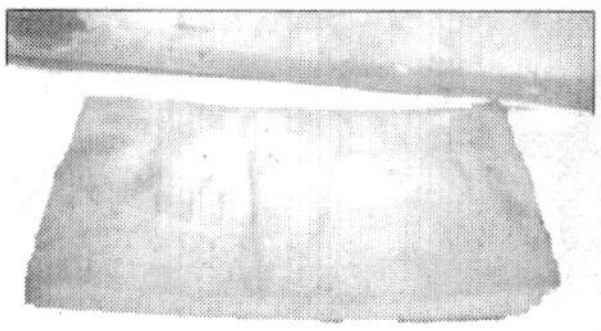	为产品接触硬质支撑物之间提供柔性保护	软质塑料或橡胶片,最小厚度8 mm
3	花篮螺丝	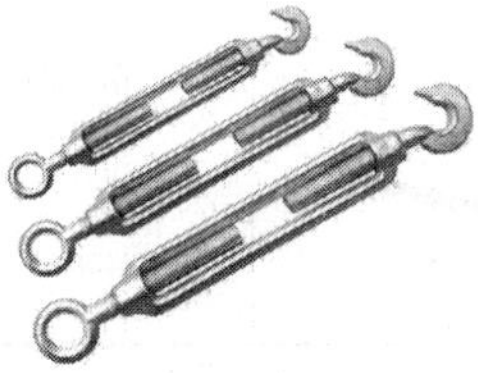	逐步收紧钢丝绳	M12 或 M16
4	收紧器		将钢丝绳紧固在货车上	使用方便

4. 运输常用工装

运输常用工装见表 3-15。

表 3-15　运输常用工装

序号	工装名称	工装图片	主要用途	控制要求
1	平板运输车		运输竖向预制构件	具有足够的承载能力与尺寸
2	平板运输车		运输水平预制构件	具有足够的承载能力与尺寸

续表 3-15

序号	工装名称	工装图片	主要用途	控制要求
3	电动平板运输车		车间构件转运	具有足够的承载能力与尺寸
4	叉车		车间构件转运	具有足够的承载能力与尺寸

5. 卸货常用工装

卸货常用工装见表 3-16。

表 3-16　卸货常用工装

序号	工装名称	工装图片	主要用途	控制要求
1	吊车		卸载预制构件	起重参数满足要求
2	塔吊		卸载预制构件	起重参数满足要求

第四节　原材准备

预制构件原材主要包括钢筋、水泥、粗细骨料、外加剂、套筒、预埋件、连接件、粉煤灰、保护层垫块等,用于构件制作和施工安装的建材和配件应符合相关的材质、测试和验收等规定,同时也应符合国家、行业和地方有关标准的规定。

一、钢筋

(一)原材钢筋

钢筋进厂时,应全数检查外观质量,并应按国家现行有关标准规定抽取试件做屈服强度、抗拉强度、伸长率、弯曲性能和质量偏差检验,检验结果应符合相关标准规定,检查数量应按进厂批次和产品的抽样检验方案确定,见图3-8。

图3-8 原材钢筋

(二)成型钢筋

成型钢筋进厂检验应符合下列规定:

(1)同一厂家、同一类型且同一钢筋来源的成型钢筋,不超过30 t为一批,每批中每种钢筋牌号、规格均应至少抽取1个钢筋试件,总数不少于3个,进行屈服强度、抗拉强度、伸长率、外观质量、尺寸偏差和重量偏差检验,检验结果应符合国家现行有关标准的规定。

(2)对由热轧钢筋组成的成型钢筋,当有企业或监理单位的代表驻厂监督加工过程并能提供原材料力学性能检验报告时,可仅进行质量偏差检验。

(三)预应力筋

预应力筋(见图3-9)进厂时,应全数检查外观质量,并应按国家现行相关标准规定抽取试件做抗拉强度、伸长率检验,其检验结果应符合相关标准规定,检查数量应按进厂的批次和产品的抽样检验方案确定。

图3-9 预应力筋

二、预应力筋用锚具、夹具和连接器

预应力筋用锚具(见图3-10)、夹具和连接器进厂检验应符合下列规定:

(1)同一厂家、同一型号、同一规格且同一批号的锚具不超过2 000套为一批,夹具和连接器不超过500套为一批。

图3-10 预应力筋用锚具

(2)每批随机抽取2%的锚具(夹具或连接器)且不少于10套进行外观质量和尺寸偏差检验,每批随机抽取3%的锚具(夹具或连接器)且不少于5套对有硬度要求的零件进行硬度检验,经上述两项检验合格后,应从同批锚具(夹具或连接器)中随机抽取6套锚具(夹具或连接器)组成3个预应力筋用锚具(夹具或连接器)组装件,进行静载锚固性能试验。

(3)对于锚具(夹具或连接器)用量较少的一般工程,如锚具供应商提供了有效的锚具(夹具或连接器)静载锚固性能试验合格的证明文件,可仅进行外观检查和硬度检验。

(4)检验结果应符合现行行业标准《预应力筋用锚具、夹具和连接器应用技术规程》(JGJ 85)的有关规定。

三、水泥

水泥进厂检验应符合下列规定:

(1)同一厂家、同一品种、同一代号、同一强度等级且连续进厂的硅酸盐水泥,袋装水泥不超过200 t为一批,散装水泥不超过500 t为一批;按批抽取试样进行水泥强度、安定性和凝结时间检验,设计有其他要求时,尚应对相应的性能进行试验,检验结果应符合现行国家标准《通用硅酸盐水泥》(GB 175)的有关规定。

(2)同一厂家、同一强度等级、同白度且连续进厂的白色硅酸盐水泥,不超过50 t为一批;按批抽取试样进行水泥强度、安定性和凝结时间检验,设计有其他要求时,尚应对相应的性能进行试验,检验结果应符合现行国家标准《白色硅酸盐水泥》(GB/T 2015)的有关规定。

四、矿物掺和料

矿物掺和料(见图3-11)进厂检验应符合下列规定:

(1)同一厂家、同一品种、同一技术指标的矿物掺和料、粉煤灰和粒化高炉矿渣粉不超过200 t为一批,硅灰不超过30 t为一批。

(2)按批抽取试验进行细度(比表面积)、需水量比(流动度比)和烧失量试验;设计有其他要求时,尚应对相应的性能进行试验;检验结果应分别符合相应掺和料现行标准规范的要求。

五、减水剂

减水剂(见图3-12)进厂检验应符合下列规定:

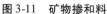

图 3-11 矿物掺和料

(a)减水剂(水剂)　　(b)减水剂(粉剂)

图 3-12 减水剂

（1）同一厂家、同一品种的减水剂,掺量大于 1%（含 1%）的产品不超过 100 t 为一批;掺量小于 1%的产品不超过 50 t 为一批。

（2）按批抽取试样进行减水率、1 d 抗压强度比、固体含量、含水率、pH 和密度试验。

（3）检验结果应符合国家现行标准《混凝土外加剂》（GB 8076）、《混凝土外加剂应用技术规程》（GB 50119）和《聚羧酸系高性能减水剂》（JG/T 223）的有关规定。

六、骨料

骨料（见图 3-13）进厂检验应符合下列规定:

图 3-13 骨料

（1）同一厂家（产地）且同一规格的骨料,不超过 400 m³ 或 600 t 为一批。

（2）天然细骨料按批抽取试样进行颗粒级配、细度模数、含泥量和泥块含量试验;机制砂和混合砂应进行石粉含量（含亚甲蓝）试验;再生细骨料还应进行微粉含量、再生胶砂需水量比和表观密度试验。

（3）天然粗骨料按批抽取试验进行颗粒级配、含泥量、泥块含量和针片状颗粒含量试验,压碎指标可根据工程需要进行检验;再生粗骨料应增加微粉含量、吸水率、压碎指标和表观密度试验。

（4）检验结果应符合国家现行标准《普通混凝土用砂、石质量及检验方法标准》（JGJ 52）、《混凝土用再生粗骨料》（GB/T 25177）和《混凝土和砂浆用再生细骨料》（GB/T 25176）的有关规定。

七、轻集料

轻集料(见图3-14)进厂检验应符合下列规定:

(a)轻粗集料　　　　　　　　　　　　(b)轻细集料

图3-14　轻集料

(1)同一类别、同一规格且同密度等级的轻集料,不超过200 m³为一批。

(2)轻细集料按批抽取试样进行细度模数和堆积密度试验,高强轻细集料还应进行强度标号试验。

(3)轻粗集料按批抽取试样进行颗粒级配、堆积密度、粒形系数、筒压强度和吸水率试验,高强轻粗集料还应进行强度等级试验。

(4)检验结果应符合现行国家标准《轻集料及其试验方法 第1部分:轻集料》(GB/T 17431.1)的有关规定。

八、混凝土拌制及养护用水

混凝土拌制及养护用水应符合现行行业标准《混凝土用水标准(附条文说明)》(JGJ 63)的有关规定,并应符合下列规定:

(1)采用饮用水时,可不检验。

(2)采用中水、搅拌站清洗水或回收水时,应对其成分进行检验,同一水源每年至少检验一次。

九、钢纤维和有机合成纤维

钢纤维和有机合成纤维应符合设计要求,进厂检验应符合下列规定:

(1)用于同一工程的相同品种且相同规格的钢纤维,不超过20 t为一批,按批抽取试样进行抗拉强度、弯折性能、尺寸偏差和杂质含量试验。

(2)用于同一工程的相同品种且相同规格的合成纤维,不超过50 t为一批,按批抽取试样进行纤维抗拉强度、初始模量、断裂伸长率、耐碱性能、分散性相对误差和混凝土抗压强度比试验;增韧纤维还应进行韧性指数和抗冲击次数比试验。

(3)检验结果应符合现行行业标准《纤维混凝土应用技术规程》(JGJ/T 221)的有关规定。

十、脱模剂

脱模剂应符合下列规定:

(1)脱模剂应无毒、无刺激性气味,不应影响混凝土性能和预制构件表面装饰效果。

(2)脱模剂应按照使用品种,在选用前及正常使用后每年进行一次匀质性和施工性能试验。

(3)检验结果应符合现行行业标准《混凝土制品用脱模剂》(JC/T 949)的有关规定。

十一、保温材料

保温材料进厂检验应符合下列规定:

(1)同一厂家、同一品种且同一规格的保温材料,不超过5 000 m² 为一批。

(2)按批抽取试样进行导热系数、密度、压缩强度、吸水率和燃烧性能试验。

(3)检验结果应符合设计要求和国家现行相关标准的有关规定。

十二、预埋吊件

预埋吊件进厂检验应符合下列规定:

(1)同一厂家、同一类别、同一规格的预埋吊件,不超过10 000 件为一批。

(2)按批抽取试样进行外观尺寸、材料性能、抗拉拔性能等试验。

(3)检验结果应符合设计要求。

十三、内外叶墙体连接件

内外叶墙体连接件进厂检验应符合下列规定:

(1)同一厂家、同一类别、同一规格的产品,不超过10 000 件为一批。

(2)按批抽取试样进行外观尺寸、材料性能、力学性能检验,检验结果应符合设计要求。

十四、灌浆套筒

钢筋套筒灌浆连接是指在金属套筒中插入钢筋并灌注水泥基灌浆料的钢筋机械连接方式,构件预制时,将一端钢筋插入连接套筒,密封、固定,浇筑混凝土,制成构件(见图3-15)。钢筋套筒按照结构形式分类,分为半灌浆套筒和全灌浆套筒。

半灌浆套筒:一端采用灌浆方式连接,另一端采用螺纹连接的灌浆套筒。一般用于预制墙、柱主筋连接。

全灌浆套筒:接头两端均采用灌浆方式连接的灌浆套筒。主要用于预制梁主筋的连接,也可以用于预制墙、柱主筋的连接。

灌浆套筒和灌浆料进厂检验应符合现行行业标准《钢筋套筒灌浆连接应用技术规程》(JGJ 355)的有关规定。

十五、钢筋浆锚连接用镀锌金属波纹管

钢筋浆锚连接用镀锌金属波纹管进厂检验应符合下列规定:

(1)应全数检查外观质量,其外观应清洁,内外表面应无锈蚀、油污、附着物、孔洞,不应

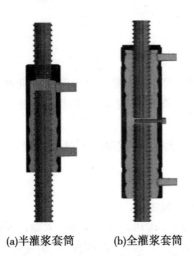

(a)半灌浆套筒　　　　(b)全灌浆套筒

图 3-15　灌浆连接套筒

有不规则的褶皱,咬口应无开裂、脱扣。

（2）应进行径向刚度和抗渗漏性能检验,检查数量应按进场的批次和产品的抽样检验方案确定。

（3）检验结果应符合现行行业标准《预应力混凝土用金属波纹管》（JG 225）的规定。

十六、水电门窗预埋件

（1）预埋件的材料、品种、规格、型号应符合现行国家相关标准的规定和设计要求。

（2）预埋件的防腐防锈性能应满足现行国家标准《工业建筑防腐蚀设计规范》（GB 50046）和《涂装前钢材表面锈蚀等级和防锈等级》（GB/T 8923）的规定。

（3）管线的材料、品种、规格、型号应符合现行国家相关标准的规定和设计要求。

（4）管线的防腐防锈性能应满足现行国家标准《工业建筑防腐蚀设计规范》（GB 50046）和《涂装前钢材表面锈蚀等级和防锈等级》（GB/T 8923）的规定。

（5）门窗框的品种、规格、性能、型材壁厚、连接方式等应符合现行国家相关标准的规定和设计要求。

（6）防水密封胶条的质量和耐久性应符合现行国家相关标准的规定,防水密封胶条不应在构件转角处搭接。

常用预埋件见图 3-16。

十七、外装饰材料

（1）涂料和面砖等外装饰材料的质量应符合现行国家相关标准的规定和设计要求。

（2）当采用面砖饰面时,宜选用背面带燕尾槽的面砖,燕尾槽尺寸应符合现行国家相关标准的规定和设计要求。

（3）其他外装饰材料应符合现行国家相关标准的规定。

(a)镀锌线盒　　(b)PVC线盒　　(c)多媒体集线箱　　(d)电箱

(e)PVC线管和镀锌管　　(f)窗框　　(g)防水密封胶条

图3-16　常用预埋件

习　题

一、填空题

1. 外委加工的钢筋半成品、成品进场时,钢筋加工单位应提供被加工钢筋和半成品钢筋的_____、_____,订货单位应对进场的钢筋半成品进行_____。

2. 预制楼梯采用常规方式吊运时需使用_____。

3. 同一厂家、同一型号、同一规格且同一批号的预应力筋用锚具不超过_____为一批,夹具和连接器不超过_____为一批。

4. 预埋件安装时用于固定预埋螺栓(反打工艺)的常用工装是_____。

5. 同一厂家、同一品种、同一代号、同一强度等级且连续进厂的硅酸盐水泥,袋装水泥不超过_____为一检验批,散装水泥不超过_____为一检验批。

6. 钢筋浆锚连接用镀锌金属波纹管进厂应全数检查_____,并进行_____和_____检验。

二、选择题

1. 模具安装需准备的外加剂有(　　)。

　　A. 速凝剂　　　　B. 脱模剂　　　　C. 缓凝剂　　　　D. 防冻剂

2. 适用于预制叠合板和预制楼梯起吊,能够实现构件起吊后水平自平衡的预制构件起吊工装是(　　)。

　　A. 扁担吊梁　　　B. 吊链　　　　C. 框式吊梁　　　　D. 吊架

3. 预制构件主要制作工序流程正确的是(　　)。

　　A. 模具安装→钢筋笼加工及安装→预埋件安装→混凝土浇筑→脱模、洗水、检查及修补检测→成品存放、养护

　　B. 模具安装→预埋件安装→钢筋笼加工及安装→混凝土浇筑、脱模、洗水、检查及修补检测→成品存放、养护

C. 模具安装→钢筋笼加工及安装→预埋件安装→混凝土浇筑、洗水、检查及修补检测→成品存放、脱模、养护

  D. 模具安装→钢筋笼加工及安装→预埋件安装→混凝土浇筑、脱模、洗水、养护、检查→修补检测→成品存放

4. 模具安装常用标准工装用于清扫模台、除锈的是(　　)。

  A. 砂纸   B. 扫把   C. 手磨机   D. 毛刷

三、简述题

1. 简述预制构件模具安装应满足的要求。

2. 例举说明预埋件安装常用工装及其用途。

3. 简述混凝土浇筑、振捣的要求。

4. 简述起吊工装系统的使用要求。

第四章 构件制作

教学要求

1. 了解钢筋加工、搅拌站、实验室等所用设备的性能及原理。

2. 熟悉预制生产线工艺流程、设备的功能及操作要点。

3. 掌握预制模具的安装、钢筋与预埋件制作安装、混凝土浇筑及养护、成品防护等关键技术。

4. 了解典型性构件制作工艺。

二维码 4-1
构件制作与运输

构件生产工艺主要流程包括：生产前准备、模具制作和拼装、钢筋加工及绑扎、饰面材料加工及铺设、混凝土材料检验及拌和、钢筋骨架入模、预埋件门窗保温材料固定、混凝土振捣与养护、脱模与起吊及质量检查等，某工厂构件制作流程如图 4-1 所示。

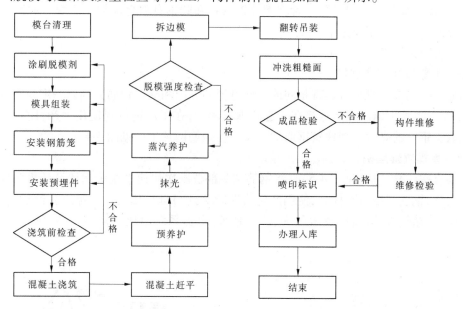

图 4-1 某工厂构件制作流程

第一节 设备的使用

一、钢筋加工设备

(一)钢筋弯曲机

钢筋弯曲机(见图 4-2)的工作机构是一个在垂直轴上旋转的水平工作圆盘,把钢筋置于图中虚线位置,支承销轴固定在机床上,中心销轴和压弯销轴装在工作圆盘上,圆盘回转时便将钢筋弯曲。为了弯曲各种直径的钢筋,在工作圆盘上有几个孔,用以插压弯销轴,也可相应地更换不同直径的中心销轴。

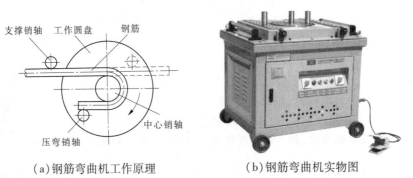

(a)钢筋弯曲机工作原理　　　　(b)钢筋弯曲机实物图

图4-2　钢筋弯曲机

(二)自动桁架筋生产设备

桁架钢筋混凝土叠合板是将楼板中的部分受力钢筋在工厂加工成钢筋桁架,在钢筋桁架下弦处浇筑一定厚度的混凝土,形成的一种带有钢筋桁架的混凝土叠合板,以下简称"叠合板"。自动桁架筋生产设备是一种将螺纹钢盘料和圆钢盘料自动加工后焊接成截面为三角形桁架的全自动专用焊接生产线。

叠合板桁架筋生产见图4-3。

(三)钢筋焊接网成型机

钢筋焊接网成型机是将具有相同或不同直径的纵向和横向钢筋分别以一定间距垂直排列、全部交叉点均用电阻点焊连接在一起的钢筋网片,在工厂进行规模化生产,用以取代人工绑扎散支钢筋的高效新型建筑钢筋加工设备。钢筋网片生产见图4-4。

(四)直螺纹套丝机

钢筋直螺纹套丝机(见图4-5)是将钢筋端头部位一次快速直接滚制使纹丝机头部位产生冷性硬化,钢筋强度得到提高,使钢筋丝头性能达到与母材相同。直螺纹套丝机由机架、夹紧机构、进给拖板、减速机及滚丝头、冷却系统、电器系统组成。常用钢筋直螺纹接头见图4-6。

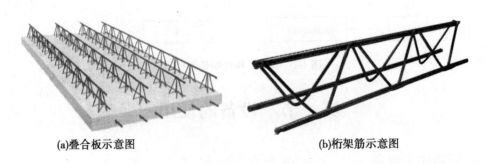

(a)叠合板示意图　　　　　　　(b)桁架筋示意图

图4-3　叠合板桁架筋生产

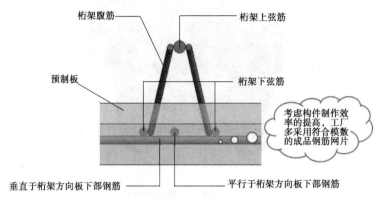

桁架腹筋　　　　　桁架上弦筋

预制板　　　　　　桁架下弦筋

考虑构件制作效率的提高，工厂多采用符合模数的成品钢筋网片

垂直于桁架方向板下部钢筋　　　平行于桁架方向板下部钢筋

(c)叠合板桁架筋详图

(d)自动桁架筋生产设备

续图4-3

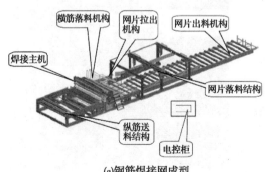

横筋落料机构　网片拉出机构　网片出料机构

焊接主机

网片落料结构

纵筋送料结构

电控柜

(a)钢筋焊接网成型

(b)成品网片

图4-4　钢筋网片生产

图4-5　钢筋直螺纹套丝机

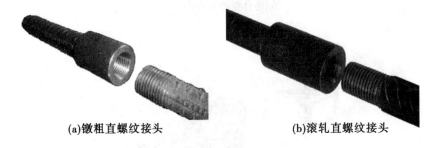

(a)镦粗直螺纹接头　　　　　　　(b)滚轧直螺纹接头

图4-6　常用钢筋直螺纹接头

二、混凝土搅拌站

混凝土搅拌站按系统可分为供料系统、称量系统、输送系统、搅拌系统和控制系统;按结构来分包括水泥粉煤灰筒仓、螺旋输送机、骨料储料斗、皮带输送机、搅拌主机和控制室等。搅拌站进行了全封闭处理,骨料堆场、骨料输送、粉料仓均完全封闭,以满足"高效、节能"的要求,能够解决传统搅拌站无法解决的污水、粉尘及噪声问题,改善了搅拌站工作区域环境,保护了周围生态环境。工厂混凝土搅拌站见图4-7。

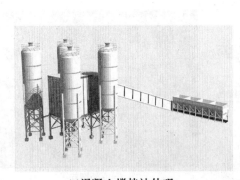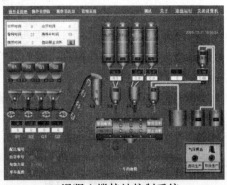

(a)混凝土搅拌站外观　　　　　　(b)混凝土搅拌站控制系统

图4-7　工厂混凝土搅拌站

三、实验室设备

预制构件工厂需设置独立的实验室,对进厂原材料及构件质量进行监控,其原材进场时除要有必需的合格证外,还需要工厂配套的试验设备对原材料和构件进行复验,严把质量关。标准的实验室检测中心一般包括办公室、资料室、水泥混凝土室、集料室、水泥室、土工室、化学分析室、样品室、现场检测室、力学室、标准养护室、等房间及与之配套的电路系统、给排水系统等,室内根据需要尚需配备水泥混凝土试件养护架、现场检测室货架、实验室工作台等。某工厂实验室布置如图4-8所示。

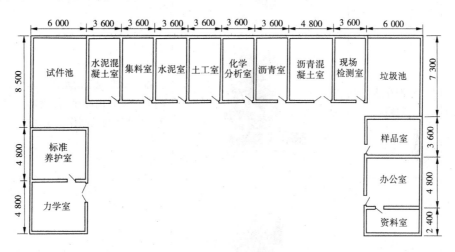

图4-8 实验室平面图(示例)

实验室常用设备及功能介绍见表4-1。

表4-1 实验室常用设备及功能介绍

序号	设备名称	示例图片	功能简介
1	强制式单卧轴混凝土搅拌机		搅拌普通混凝土及轻质混凝土
2	混凝土振动台		适用于制作混凝土骨料颗粒粒径不大于40 mm,制品高度不超过200 mm的干硬性混凝土制品

续表 4-1

序号	设备名称	示例图片	功能简介
3	混凝土贯入阻力仪		用于测定混凝土的凝结时间
4	水泥净浆搅拌机		将按标准规定的水泥和水混合搅拌成均匀的试验用净浆,供测定水泥标准稠度、凝结时间及制作安定性试块用
5	水泥胶砂搅拌机		适用于水泥胶砂试件制备时的搅拌
6	水泥胶砂流动度测定仪		主要用于胶砂流动数值的测定
7	水泥胶砂振实台		适用于水泥胶砂试件制备时的振实成型

续表 4-1

序号	设备名称	示例图片	功能简介
8	水泥沸煮箱		对水泥安定性能进行雷氏法及试饼法两种测定,仪器对升温、保温均能自动控制,也可人工控制
9	负压筛析仪		可测定硅酸盐水泥、普通水泥、火山灰水泥、粉煤灰水泥等水泥细度以及粉煤灰细度
10	水泥混凝土恒温恒湿养护箱		采用先进的智能化温湿度控制系统,能准确地指令升温、降温和增湿等功能,对水泥、混凝土、水泥制品试样进行强度、定型性凝结时间作标准养护
11	震击式标准电动震筛机		主要用于实验室对各种物料进行筛分分析
12	电液伺服液压万能试验机		具备自动求取弹性模量、屈服强度、抗拉强度、断裂强度、试样延伸率、断面收缩率等常规数据,能自动计算试验过程中任一指定点的力、应力、应变等数据,并对结果等曲线进行分析、打印
13	水泥恒应力抗折抗压试验机		专供测定水泥胶砂抗折抗压强度用,具有恒加荷、高精度、结构紧凑、触摸屏操作、界面简捷等优点

序号	设备名称	示例图片	功能简介
14	数显式液压压力试验机		利用液压传动、电子测力及液晶蓝屏显示,测试混凝土、水泥、耐火砖等建筑材料的抗压强度,具有结构紧凑、操作方便、测力精度高等特点
15	养护室自动控制仪		采用温湿同步控制的方法,应用于试件的标准养护
16	混凝土回弹仪		测定混凝土构件强度

四、生产线设备

下面针对预制构件生产线(见图 4-9)主要设备的功能及组成、设备特点、主要技术参数、设备操作及注意事项进行介绍。

二维码4-2
生产工艺
设备介绍

二维码4-3
预制构件
生产线

图 4-9　预制构件生产线

（一）清理机

清理机实物见图4-10。

图4-10 清理机

1. 功能及组成

（1）功能：主要是将脱模后的空模台（去掉边模和埋芯后）上附着的混凝土清理干净。

（2）组成：主要由清渣铲、横向刷辊、清渣铲支撑架、电气控制系统、气动控制系统和清渣斗组成。

2. 设备特点

（1）采用特殊结构的刮刀，轻松铲除模台上块状混凝土及凸起粘接。

（2）双辊加钢丝毛刷辊，可扫除颗粒状混凝土及平面粘接。

（3）往复行走装置可实现对模台的反复清扫，清洁度可达到85%以上。

3. 主要技术参数

清理机主要技术参数见表4-2。

表4-2 清理机主要技术参数

清渣铲铲刀宽度	4 000 mm
横向刷辊长度	4 000 mm
横向刷辊转速	300 r/min
总功率	8.5 kW

4. 设备操作及注意事项

（1）接模台准备：起模后的模台进入下一个循环使用时，需要对模台表面进行清洁处理。按动输送线上移动模台的按键，即可将模板送到清理机下。

（2）放下刮刀：由于模台上的垃圾大小不一，首先需要使用刮刀推铲。当需要清理模台时，按动控制台上刮刀放下按键，利用汽缸即可将刮刀放下。启动清扫辊放下刮刀后，立即按动控制台上清扫辊启动按键，启动清扫辊。

（3）清扫模台：清扫辊启动后，按动输送线上移动模台按键，使模台移动，模台在输送电机的驱动下，通过清理机，自动完成模台清理功能。

（4）反复清扫：如果模台一次没有清理干净，可使用输送线上模台往复移动旋钮，将模台退回，进行二次清理。

（二）脱模剂喷涂机

脱模剂喷涂机见图4-11。

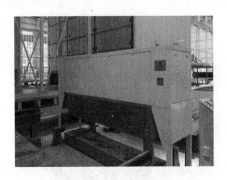

图 4-11　脱模剂喷涂机

1. 功能及组成

(1)功能：主要用于将脱模剂均匀快速地喷涂在模板表面上。

(2)组成：主要由机架、喷涂控制系统、喷涂装置及收集箱等组成。

2. 设备特点

(1)12 个(具体数量视模板宽度而定)独立喷涂装置在 PLC(Programmable Logic Controller,可编程逻辑控制器)的控制下,按预先设定好的喷涂画面,自动完成喷涂作业。

(2)触摸屏直观设置,可根据画线情况,随时改变喷涂形状,节约脱模隔离剂。

(3)在 PLC 的控制下,喷头的喷出量可在 0.01 ~ 1 L/min 范围内调整。

(4)下置脱模隔离剂收集箱,方便脱模隔离剂的回收。

3. 主要技术参数

喷涂机主要技术参数见表 4-3。

表 4-3　喷涂机主要技术参数

自吸泵电机功率	0.37 kW
脱模剂喷涂范围	4 m
喷嘴流量	1.35 L/min
脱模剂箱有效容积	155 L
隔膜泵排出压力	0.33 MPa

4. 设备操作及注意事项

脱模剂喷涂为自动操作,当需要喷涂脱模剂时,按动输送线上移动模台按键,移动模台通过喷涂机,喷涂机自动启动喷涂系统,即可同时完成脱模剂喷涂及抹匀操作。

(三)划线机

划线机实物见图 4-12。

1. 功能及组成

(1)功能：主要用于在模台上快速而准确划出边模预埋件等位置,提高放置边模、预埋件的准确性和速度。

(2)组成：主要由机械传动系统、控制系统、伺服驱动系统、划线系统及集中操作系统等 5 大部分组成。

2. 设备特点

(1)行走部分为桥式结构,采用双边伺服电机驱动,运行稳定,工作效率高。

图4-12 划线机

(2)装有自动划笔系统,能自动调整划笔与模台的距离。通过人机集中操控界面,可实现各种复杂图形一键操作。

(3)适用于各种规格的通用模板叠合板、墙板底模的划线。

(4)配有USB接口,通过自带的Fastcam自动编程软件,可对各种图形根据实际要求进行计算机预先处理,通过外接U盘传递,实现图形的精准定位。

(5)适用于各种规格的模板、叠合板、墙板模台的划线作业。

(6)系统可在手动、自动画线两套操作系统之间快速转换,便于灵活地补线及快速操作。

3.主要技术参数

划线机主要技术参数见表4-4。

表4-4 划线机主要技术参数

轨距	5.0 m
轨长	11 m
最大划线速度(可调)	1.5~9 m/min
最大划线长度	11 000 mm
最大划线宽度	4 000 mm
划线精度	±1.5 mm
线条宽度	2 mm≤H≤4 mm
划笔升降高度	150 mm

4.设备操作及注意事项

(1)接模台准备:按输送线上移动模台键,将模板送到划线机下,备用。

(2)划线准备:本设备的操作有手动和自动两种功能。手动操作为自动操作的补充(补线、改线),也可用于临时划线或图形设计。自动划线为本设备常用及建议使用操作方式。

(3)按使用说明书指示,打开操作触摸屏。按照画面指示按下自动操作键,进入自动操作界面。按[1]键选择系统内部存储器;按[2]键选择系统外部存储器(U盘);按"↑""↓"查找文件;按调入键调入需要的划线程序;按图形键确认调入当前程序进入自动待划线状态,按退出键取消调入操作。

(4)打开压缩空气开关,对照生产指令,检查所选图形是否符合图纸要求。确认无误后,按下启动按钮,划线机自动回到零位(原点),开始按程序自动划线。操作完成后,设备自动回到零位(原点)。

(5)一切准备就绪,按动绿色按钮,划线机将按预定图形开始划线。

(6)在划线机工作时,一定要仔细观察喷头的工作状态,发现问题立即按暂停键停止运行,待排除故障后,按启动键恢复运行。

(四)空中混凝土运输车

空中混凝土运输车见图4-13。

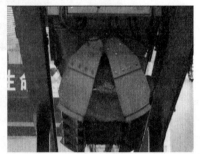

(a)料斗运输状态　　　　　　　　(b)料斗下料状态

图4-13　空中混凝土运输车

1.功能及组成

(1)功能:主要用于存放由搅拌站输送出来的混凝土,在特制轨道上走行并将混凝土转移到布料机中。

(2)组成:主要由钢结构支架、走行机构、料斗、液压系统、电气控制系统等几部分组成。

2.设备特点

(1)空中走行、PLC控制、遥控操作。

(2)变频电机驱动,运行平稳。

(3)料斗下开门采用特殊机械结构,开闭可靠。

3.主要技术参数

运输料斗技术参数见表4-5。

表4-5　运输料斗技术参数

吊斗容量	总功率	走行速度
>2.5 m³	3.7 kW	1.5~30 m/min

4.设备操作及注意事项

(1)每班第一次接料前,应将料仓内壁用水浇湿,以最大限度地减少内壁挂浆。

(2)每班收工前或班中接料间隔超过60 min时,应清洗料仓内壁,以避免内壁挂浆。

(3)因停电或设备故障致使料仓内砂浆存放时间超过30 min时,应立即启动手动液压泵站,打开卸料闸门,泄掉仓内砂浆,并清洗料仓内壁。

(4)操作人员安全注意事项。操作前:确认设备机电液压正常,运行区域无人员停留。操作中:观察设备启停运行状态,确保料斗走行下方无人员。操作后:每班作业后,确保切断电源,清理料斗。

5.维修及保养

(1)机械零部件每年进行一次除锈、防锈保养。

（2）设备每月进行一次清洁维护。保持设备不被混凝土固化，以免损坏。

（3）停用一个月以上或封存时，应认真做好停用或封存前的保养工作，设备内、外都应擦洗干净，并采取预防风、沙、雨淋、水泡、锈蚀等措施。

（五）混凝土布料机

混凝土布料机如图 4-14 所示。

(a)混凝土布料机操作面板　　　　　(b)布料机浇筑

图 4-14　混凝土布料机

1. 功能及组成

（1）功能：混凝土布料机适用于混凝土预制构件生产线，可以向模具中进行均匀定量的混凝土布料。

（2）组成：混凝土布料机由钢结构机架、X 向走行机构、Y 向走行机构、布料机构、安全防护装置、升降系统、清洗设备、计量系统、液压系统、电控系统等组成。

2. 设备特点

（1）采用 PLC 程序控制，可实现料门的手动、预选、自动控制功能。走行速度、布料速度无级可调。

（2）布料机构的升降功能可以满足不同厚度构件的布料需求。

（3）布料机构的搅拌轴具有匀料的功能，还可防止物料在料仓内较长时间存放时出现凝结和离析。

（4）布料机构上的附着式振动电机，采用特殊的安装形式，可以使布料斗整面均匀振动，使破拱、下料效果更好。

（5）布料机设有液压系统，液压系统能快速启闭布料闸门，保证精准布料，同时防止余料掉落。在设备突然断电后，液压系统能手动应急打开料仓，将料仓内物料清除，保护设备。

（6）8 个液压油缸分别控制 8 个闸门的开启与关闭，可根据布料宽度任意组合开闭。

（7）通过 8 个电机驱动的 8 根螺旋分料轴进行分料，送料量均匀平稳，其各出料口出料量误差率≤10%。

（8）在螺旋布料轴被卡住前，自动反转；亦可点动控制使螺旋轴反转，再排除故障。

（9）计量系统可随时显示料仓内混凝土的储量。

3. 主要技术参数

混凝土布料机技术参数见表 4-6。

表4-6　混凝土布料机技术参数

总功率	34.5 kW
大车走行速度	0～30 m/min（0～0.5 m/s）
大车走行功率	2×1.5 kW
小车走行速度	0～30 m/min（0～0.5 m/s）
小车走行功率	1.5 kW
布料螺旋转速	0～40 r/min
布料螺旋功率	8×1.5 kW
布料闸门个数	8个
液压系统工作压力	＞8 MPa
搅拌轴转速	20 r/min
液压站功率	4 kW

4. 设备操作及注意事项

具体操作：

(1)启动。旋动操作控制器上的钥匙开关,接通操作控制器电源,左旋"油泵"旋钮至启动位置,启动液压系统,使液压系统压力恢复正常。

(2)对正输送料斗。点击操作控制柜窗口"归零.自动对位"键,进入"归零.自动对位"画面,长按"至接料位"键,使布料机自动对正接料位置。

(3)接料。布料机对正接料位置后,操作输送料斗遥控器打开仓门,开始放料。

(4)布料。根据布料宽度旋动对应落料门旋钮,打开仓门,开始布料,按操作面板上纵向(X向)按钮,根据落料状态,旋动调速旋钮,选择合适的走行速度,以及螺旋下料速度,以实现一次性布料均匀。

(5)清洗。每班收工前或班中接料间隔时间超过60 min时,应使用高压水枪清洗料仓内壁。

注意事项：

(1)接料时打开布料机匀料轴,避免料坨住。

(2)清洗前,切记将清洗底板插销拔出;再打开全部料门,启动"清洗下降"旋钮。

(六)混凝土振动台

混凝土振动台如图4-15所示。

1. 功能及组成

(1)功能:主要用于将布料机浇筑的混凝土振捣密实,形成预制构件湿体。特别适用于50 mm以下薄板类预制构件。

(2)组成:主要由12个振捣单元、2个升降驱动、12个升降滚轮、纵横向运动机构、电气控制系统及液压系统等组成。

2. 设备特点

(1)采用12个独立的振捣单元,振捣力均匀。

(a)混凝土振动台底盘

(b)模台进入

图 4-15 混凝土振动台

（2）采用特殊结构的隔振垫,隔振效果好。

（3）采用 12 个独立的液压夹紧装置,夹紧力大,牢固可靠。

（4）可实现垂直、纵向两方向自由振动。各振捣电机均可变频调速。

3. 主要技术参数

混凝土振动台主要技术参数见表 4-7。

表 4-7 混凝土振动台主要技术参数

总功率	32.7 kW
纵横向振幅	±1 mm
振动频率	5～120 Hz 可调
升降辊道顶升力（16 MPa）	200 kN
升降高度	40 mm
辊道驱动功率	2×1.5 kW

4. 设备操作及注意事项

（1）接模台准备（见图 4-16（a））：当混凝土预制构件开始作业时,需要将已布好钢筋的模台送入螺旋布料机下。首先要升起滚轮及驱动装置,这时只需按控制台上滚轮升起键,通过程序控制,即可完成滚轮及驱动装置自动到位。

（2）模台进入（见图 4-16（b））：滚轮及驱动装置升到位后,即可操纵控制台上驱动左（右）按钮,驱动模台由左（右）方向进入振动台工位。

（3）模台就位（见图 4-16（c））：模台进入振动台工位并对正后,为保证有效的振捣,必须将模台放在振动台上。这时只需按控制台上滚轮下降键,通过程序控制,将滚轮及驱动装置自动回位,模台自然放到振动台上。

（4）模台夹紧：模台就位后,立即按动控制台上模台夹紧按键,通过程序控制,自动完成模台夹紧动作。

（5）振捣：模台夹紧后,即可开始布料,布料结束后,首先使用手动操作,启动预振功能,以判断所布料是否满足要求。添加料后,启动振动程序,完成振捣作业,也可以选择自动模式,根据触摸屏设置自动完成三种振动模式的切换。

（七）振捣搓平机

振捣搓平机如图 4-17 所示。

(a)接模台准备

(b)模台进入

(c)模台就位

(d)振捣工艺参数设置

图4-16　混凝土振动台操作

图4-17　振捣搓平机

1.功能及组成

(1)功能:主要用于将布料机浇筑的混凝土振捣并搓平,使混凝土表面平整。

(2)组成:主要由机架,纵、横向走行机构,搓平机构,升降机构,振捣机构及电气控制系统等组成。

2. 设备特点

(1)采用双拉绳升降机构,其结构紧凑、安装方便,而且可以在规定行程范围内的任意位置停止。

(2)电机驱动搓平机构,能实现往复搓平。

(3)走行机构采用变频电机驱动,可以方便地随时调整走行速度。

3. 主要技术参数

振捣搓平机主要技术参数见表4-8。

表4-8 振捣搓平机主要技术参数

搓平升降行程	300 mm
搓平宽度	4 000 mm(可定制)
大车走行速度	1.5 ~ 30 m/min
小车走行速度	30 m/min
大车走行功率	2 × 1.5 kW
小车走行功率	0.75 kW
振动电机功率	2 × 0.75 kW

4. 设备操作及注意事项

(1)模台准备(见图4-18(a)):当混凝土预制构件需要搓平作业时,需要将已振捣完成的混凝土预制构件连同模台一起送入搓平机下。首先要升起搓平机搓平装置,这时只需按下遥控器上搓平装置升起键(见图4-18(b)),即可完成搓平机搓平装置的升起到位。

(2)模台进入:当搓平机搓平装置升起到位后,即可操纵驱动线上操作盒驱动模台进入搓平机工位。

(3)模台就位:模台进入搓平机工位后,为保证有效地搓平及振捣,必须将搓平装置放在边模上。按下遥控器上搓平装置下降键,待其落到边模上表面时即可停止按动。

(4)搓平机搓平:模台就位后,按遥控器上启动键,搓平机搓平装置开始动作。当需要振捣"提浆"时,开启振捣电机开关即可。移动横、纵向走行机构,即可对混凝土预制构件进行全长度搓平。

(5)模台送出:搓平完成后,升起或移开搓平机构,操纵驱动线上操作盒驱动模台进入下一个工位。

(八)拉毛机

拉毛机实物如图4-19所示。

1. 功能及组成

(1)功能:主要用于对叠合板构件上表面进行拉毛处理。

(2)组成:主要由机架,纵向升降机构,拉毛机构及电气控制系统等组成。

2. 设备特点

采用电动升降机构,其结构紧凑、操作方便。运用片式拉毛板,拉毛痕深,不伤骨料。

3. 主要技术参数

拉毛机主要技术参数见表4-9。

(a)模台准备

(b)操作遥控器

图4-18　振捣搓平机操作

图4-19　拉毛机

表4-9　拉毛机主要技术参数

拉毛宽度	>3 200 mm
提升最大行程	300 mm

4.设备操作及注意事项

(1)模台准备:当混凝土预制构件需要拉毛作业时,先要放下拉毛装置,这时只需按下操作面板上拉毛装置下降键,即可完成拉毛机拉毛装置的下降到位动作。

(2)模台进入:当拉毛机拉毛装置下降到位后,即可操纵驱动线上操作盒驱动模台通过拉毛机工位。

(3)拉毛机拉毛:模台就位后,在驱动装置的驱动下,拉毛装置开始拉毛动作。可对混凝土预制构件进行全长度拉毛,提高拉毛效果。

(4)模台送出:拉毛完成后,升起拉毛机构,操纵驱动线上操作盒驱动模台进入下一个工位。

（九）预养护仓

预养护仓如图 4-20 所示。

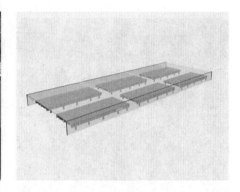

图 4-20　预养护仓

1. 功能及组成

（1）功能：主要用于加快经振捣搓平后的预制构件湿板表面硬化速度，以提高生产效率。

（2）组成：主要由钢结构支架、保温板、蒸汽管道、气动系统、养护温控系统及电气控制系统等组成。

2. 设备特点

（1）通道内的工位自动连锁控制启动、停止。

（2）工艺参数温度可远程控制。

（3）具有实时温度的记录曲线和历史记录温度的回放功能。

3. 主要技术参数

预养护仓主要技术参数见表 4-10。

表 4-10　预养护仓主要技术参数

最大通过宽度	4 500 mm
最大通过高度	1 000 mm
测温通道数	3 个
温度控制范围	室温至 55 ℃
温度控制精度	±2.5 ℃

4. 设备操作及注意事项

（1）开启、关闭预养护仓门：操作设在预养护仓门两端的操作盒上预养护仓门的开启（内侧蓝色）、关闭（内侧红色）按钮即可。

（2）移动模台：操作设在预养护仓门两端的操作盒开启（绿色）、关闭（红色）按钮，即可完成预制板及模板的移动。

（3）温度的控制：通过操作设在养护仓处的控制柜上的相关画面，即可进行预养护仓所需温度的设定，预养护仓不需要湿度的设定。

（十）抹光机

抹光机实物见图 4-21。

(a)抹光装置

(b)操作面板

图4-21　抹光机

1．功能及组成

(1)功能：主要用于内、外墙板外表面的抹光。

(2)组成：主要由钢支架,纵、横向走行机构,抹光装置,提升机构,电气控制系统等组成。

2．设备特点

(1)采用电动升降机构,其结构紧凑、操作方便,升降迅速。

(2)电机驱动的大、小车走行机构可使抹平头在水平面内做纵、横向单向或复合移动作业。

(3)抹光叶片靠电液控制机械调整,定位准确。

3．主要技术参数

抹光机主要技术参数见表4-11。

表4-11　抹光机主要技术参数

大、小车走行速度	10 m/min
抹光宽度	4 000 mm
抹盘最大转速	130 r/min
抹光升降行程	300 mm
抹光机浮动幅度	±3 cm
总功率	4 kW

4．设备操作及注意事项

(1)模台准备：当混凝土预制构件需要抹光作业时,先要升起抹光装置,这时只需按下操作悬臂或遥控器上抹光装置升起键,即可完成抹光装置的升起到位动作。

(2)模台进入：当抹光装置升起到位后,即可操纵驱动线上操作盒驱动模台通过抹光机工位。

(3)抹光机抹光：模台进入抹光机工位后,为保证高质量的抹光,必须将抹光装置放在边模上调平。这时只需按下抹光装置下降键,将抹光装置放在边模上,扳动"＋""－"旋钮,即可完成抹光装置调平工作。

（4）抹光装置调平后,启动抹光头驱动装置,抹光装置开始抹光动作。移动横、纵向走行机构,即可对混凝土预制构件进行全长度抹光,同时反复抹光,提高抹光效果。

（5）模台送出:抹光完成后,升起或移开抹光机构,操纵驱动线上操作盒驱动模台进入下一个工位。

（十一）养护窑

养护窑如图4-22所示。

码垛车

养护窑

图4-22 养护窑

1. 功能及组成

（1）功能:通过立体存放,提高车间面积利用率。通过自动控制温度、湿度缩短混凝土构件养护时间,提高生产率。

（2）组成:主要由窑体、蒸汽管路系统、模板支撑系统、窑门装置、温控系统及电气控制系统等组成。

2. 设备特点

（1）窑体由模块化设计的钢框架组合而成,便于维修。

（2）窑体外墙用保温型材拼合而成,保温性能较好。

（3）每列构成独立的养护空间,可分别控制各孔位的温度。

（4）窑体底部设置地面辊道,便于模板通过。

（5）由PLC控制的温度、湿度传感系统可自行构成闭环的数字模拟控制系统。使窑内形成一个符合温度梯度要求的、无温度阶跃变化的温度环境。

（6）中央控制器采用工业级计算机,具有实时温度记录曲线或报表打印功能,同时还可以进行历史温度实时记录的回放等。

3. 主要技术参数

养护窑主要技术参数见表4-12。

4. 设备操作及注意事项

（1）养护窑门开启和关闭:操作码垛车的挑门装置,即可完成养护窑门开启和关闭动作。

（2）养护窑的存、取板:操作码垛车托架的移动、顶推装置,即可完成养护窑的存、取板动作。

表 4-12　养护窑主要技术参数

控温通道数	8 个
控湿通道数	8 个
温度控制范围	室温至 85 ℃
温度控制精度	±2.5 ℃
湿度控制范围	环境湿度至 99% RH(相对湿度)
湿度控制精度	±3% RH(相对湿度)
最大电能消耗功率	1 kW
通过宽度	4 500 mm
通过高度	1 000 mm

（3）养护窑、预养护窑的温度、湿度控制：通过操作养护窑温控柜或中央控制室内电脑，将温度、湿度养护曲线在不同的显示画面上预先设定，系统将按照预设数值对温度、湿度进行控制。

（4）温度、湿度控制系统启动与停止：点击温控柜显示屏启动/停止键或中央控制室养护窑对应电脑相应画面开始/停止键，即可启动或停止温度、湿度控制系统。

（十二）码垛车

码垛车如图 4-23 所示。

图 4-23　码垛车

1. 功能及组成

（1）功能：主要是将振捣密实的构件带模具从模台输送线上取下，送至立体养护窑指定位置，或者将养护好的构件带模具从养护窑中取出送至回模台输送线上。

（2）组成：主要由走行系统、框架结构、提升系统、托板输送架、取/送模机构、抬门装置、纵向定位机构、横向定位机构、电气系统等组成。

2. 设备特点

具有手动、自动两种控制模式，自动模式可任意设置动作循环。配合视频系统，可以远程操作，实现现场无人值守。

3. 主要技术参数

码垛车主要技术参数见图4-13。

表4-13　码垛车主要技术参数

设备总功率	65 kW
额定荷载	30 t
提升高度	4 000 ~ 8 000 mm
提升速度	10 m/min
横移速度	0 ~ 25 m/min
垂直定位精度	≤3 mm
水平定位精度	≤3 mm

4. 设备操作及注意事项

(1)码垛车具有本地和远程中控室两种操作形式,其中本地操作又有"自动"和"手动"两种模式。

(2)操作之前,需要在触摸屏上进行身份登录。

(3)动作流程:主要有码垛车接板、送板、存板、取板动作,每一个动作必然要在前一个动作完成并得到确认后方可进行。

(4)"自动"模式下,只需选定需要操作的窑号或位置,点击"存板"或"取板"即可按照动作流程完成相应存板或取板的命令。

(5)"手动"模式下,操作员务必牢记动作流程,按动作流程一步步进行,切不可心急越步,以免造成设备损坏和人员伤害。

(6)日常操作推荐使用"自动"模式,解决故障或应急使用时采用"手动"模式。

(7)自动模式下,存、取板动作一次性完成后,相应的窑会被程序记忆为"有板"(红色)或"无板"(绿色)。手动模式下,完成操作后,要求操作员进入触摸屏界面进行设置确认,以免造成"有、无板"显示的假象。

(8)操作员可从触摸屏界面监控到目前执行的工作步骤和各个机构的状态,以及报警信息。

(十三)翻板机

翻板机如图4-24所示。

1. 功能及组成

(1)功能:主要是将已经养护完成,不能水平吊起或需要竖起运输的预制构件,在线翻起接近直立,竖直起吊。

(2)组成:主要由固定台座、翻转臂、托座、托板保护机构、电气控制系统、液压控制系统组成。

2. 设备特点

(1)采用液压托举系统,翻转平稳,无噪声。

(2)设有模板翻起自动锁紧装置,确保在任意位置模板均不能自由移动。

(3)为保证预制构件在翻起时不致下滑,设置了能够自动调整位置的构件托起装置。

图 4-24　翻板机

（4）设有最高位自动保护装置，确保不会因误操作而翻过90°。

3. 主要技术参数

翻板机主要技术参数见表4-14。

表 4-14　翻板机主要技术参数

液压系统压力	16 MPa
油箱容量	200 L
电机功率	11 kW
翻转角度	70°~85°
翻转力矩	106 kN·m
额定推力	2×190 kN
托力	140 kN

4. 设备操作及注意事项

（1）模台进入（见图4-25（a））：翻板臂下降到位后，即可按驱动线操作程序操作输送线操作盒相应按钮，驱动模台由左（右）方向进入翻板机工位。

（2）模台夹紧（见图4-25（b））：模台就位后，按控制台上翻板臂上升键，通过程序控制，翻板机自动完成模台夹紧动作。

（3）托架顶紧（见图4-25（c））：模台夹紧后，按控制台上翻板托架抵紧键，将托架抵紧混凝土预制板。

（4）翻板模台夹紧后，即可开始翻板（见图4-25（d））。再次按控制台上翻板臂上升键，顶升油缸顶起模台，模台缓步侧翻转至70°~85°，完成翻板作业。

（5）混凝土预制板送出，模台回放：使用起吊工具将混凝土预制板吊出后。按控制台上翻板臂下降键，顶升油缸回落，到达水平位置时，通过程序控制，翻板机自动完成模台松开动作。

（十四）滚轮输送线

滚轮输送线如图4-26所示。

(a)模台进入

(b)模台夹紧

(c)托架顶紧

(d)翻板

图 4-25 翻转机设备

(a)驱动装置

(b)支撑装置

图 4-26 滚轮输送线

1. 功能及组成

(1)功能:主要用于生产线的空模板及带混凝土构件制品模板的输送。

(2)组成:主要由滚轮支撑装置、变频调速摩擦驱动装置、电气控制系统组成。

2. 设备特点

(1)采用焊接式支撑滚轮,支撑力大,定位精度高。

(2)特殊材料的摩擦轮,摩擦系数大,传动力大。

(3)圆柱弹簧调整结构,调整方便,驱动平稳。

(4)单一工位操作盒,操作直观,安全性高。

(5)变频电机驱动,结构简单,可变速操作。

3. 主要技术参数

滚轮输送线主要技术参数见表4-15。

表4-15　滚轮输送线主要技术参数

滚轮高度	400 mm
滚轮间距	≤1 500 mm
运送速度	6～24 m/min
总功率	115 kW

(十五)摆渡车

摆渡车如图4-27所示。

图4-27　摆渡车

1. 功能及组成

(1)功能:主要用于线端模板的横移。

(2)组成:主要由2个分体车和1套控制系统组成。每个分体车由1个钢结构、1套走行系统、1套液压升降装置及1套定位装置组成。

2. 设备特点

(1)PLC控制,伺服电机驱动,同步性好,同步精度高。

(2)液压顶升,模台升、降平稳,对构件损伤小。

(3)感应位置识别控制及感应式位置开关减速装置,使得定位更加准确。

3. 主要技术参数

摆渡车主要技术参数见表4-16。

表4-16　摆渡车主要技术参数

起升高度	80～120 mm
起升力	102 kN
走行速度	1.5～30 m/min
走行电机功率	3.6 kW
升降功率	4.4 kW

(十六)远程监视系统

远程监视系统见图4-28。

图 4-28　远程监视系统

1.功能及组成

(1)功能:主要用于生产线运行过程的监视。

(2)组成:主要由视频采集装置(摄像头)、视频显示装置(显示屏)、中央处理系统(工业用计算机)组成。

2.设备特点

全面掌握生产线运行全过程。事后可以对每一个动作进行复盘分析。

(十七)模板智能管理系统

模板智能管理系统如图 4-29 所示。

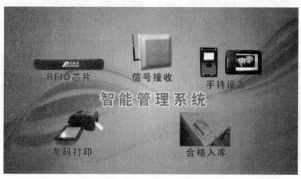

图 4-29　智能管理系统

1.功能及组成

(1)功能:主要用于预制构件的身份信息采集。

(2)组成:主要由信号采集装置(电磁感应器)、中央处理系统(工业用计算机)、"身份证"制作系统组成。

2.设备特点

全面掌握每一块构件的所有生产信息。

第二节　模具安装

一、模具的定义

预制构件模具,是以特定的结构形式通过一定方式使材料成型的一种工业产品,同时也是能成批生产出具有一定形状和尺寸要求的工业产品零部件的一种生产工具。

二、模具的特性及要求

(1)模具的设计需要模块化:一套模具在成本适当的情况下应尽可能地满足"一模多制作",模块化是降低成本的前提。

(2)模具的设计需要轻量化:在不影响使用周期的情况下进行轻量化设计,既可以降低成本,又可以提高作业效率。

三、模具的分类

预制构件模具可根据构件种类分为:外墙模具、内墙模具、隔墙模具、梁模具、柱模具、楼梯模具、阳台模具、窗模具、门模具、女儿墙模具、遮阳板模具、楼板模具、盾构管片模具、路缘石模具等。预制构件常用模具如图4-30所示。

四、模具的安装

模具安装主要包括四个作业分项,按照施工顺序依次为:清模→组模→涂刷脱模剂→涂刷水洗剂。其操作要点和注意事项为:

(a)外墙模具

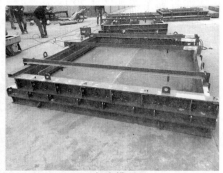
(b)内墙模具

(c)楼梯模具

(d)梁柱模具

图4-30　预制构件常用模具

(e)空调板模具

(f)阳台模具

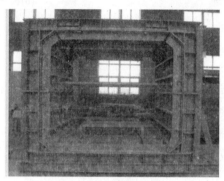

(g)管廊模具

续图 4-30

（一）清模

（1）上岗前穿戴好工作服、工作鞋、工作手套和安全帽。

（2）先用刮板将模具表面残留的混凝土和其他杂物清理干净,然后用角磨机将模板表面打磨干净。

（3）内、外叶墙侧模基准面的上下边沿必须清理干净。

（4）所有模具工装全部清理干净,无残留混凝土。

（5）所有模具的油漆区部分要清理干净,并经常涂油保养。

（6）混凝土残灰要及时收集到垃圾桶内。

（7）工具使用后清理干净,整齐放入指定工具箱内。

（8）及时清扫作业区域,垃圾放入垃圾桶内。

（9）模板清理完成后必须整齐、规范地堆放到固定位置。

清模工艺如图 4-31 所示。

（二）组模

（1）组模前检查清模是否到位,如发现模具清理不干净,不允许组模。

（2）仔细检查模具是否有损坏、缺件现象,损坏、缺件的模具应及时修理或者更换。

（3）侧模、门模和窗模对号拼装,不许漏放螺栓和各种零件。组模前仔细检查单面胶条,及时替换损坏的胶条,单面胶条应平直、无间断、无褶皱。

（4）各部位螺丝拧紧,模具拼接部位不得有间隙。

（5）安装磁盒用橡胶锤,严禁使用铁锤或其他重物打击。

(a)模台清理

(b)模具清理

图 4-31　清模工艺

(6)窗模内固定磁盒至少放 4 个,确保磁盒按钮按实,磁盒与底模完全接触,磁盒表面保持干净。

(7)模具组装完成后应进行检查,组模长、宽误差为 −2 ~ 1 mm,对角线误差小于 3 mm,厚度误差小于 2 mm。

(8)工具使用后清理干净,整齐放入指定工具箱内。

(9)及时清扫作业区域,垃圾放入垃圾桶内。

组模工艺如图 4-32 所示。

(a)支边模

(b)边模磁吸加固

(c)模板缝隙填补

(d)组模效果

图 4-32　组模工艺

（三）涂刷脱模剂

（1）涂刷脱模剂前保证底模干净，无浮灰。

（2）宜采用水性脱模剂，用干净抹布蘸取脱模剂，拧至不自然下滴为宜，均匀涂抹在底模以及窗模和门模上，应保证无漏涂。

（3）抹布或海绵及时清洗，清洗后放到指定盛放位置，保证抹布及脱模剂干净无污染。

（4）涂刷脱模剂后，底模表面不允许有明显痕迹。

（5）工具使用后清理干净，整齐放入指定工具箱内。

（6）及时清扫作业区域，垃圾放入垃圾桶内。

涂刷脱模剂作业如图4-33所示。

图4-33 涂刷脱模剂作业

（四）涂刷水洗剂

露骨料混凝土水洗技术是一种能使"新、旧混凝土连接成为整体"的关键技术。通常采用露骨料水洗剂对混凝土表面进行处理，使之形成自然级配的粗糙面，增强新旧混凝土之间的整体性，提高抗剪强度，使两次浇筑的混凝土各项性能接近于一次整浇的性能，是装配式结构"形成等同现浇型"结构的重要手段。

（1）涂刷水洗剂之前检查模具内表面，如表面太光滑则先用素水泥浆涂刷模具表面，待水泥浆干燥后方可涂刷水洗剂。

（2）涂刷水洗剂时使用毛刷，严禁使用其他工具。

（3）在指定的地方涂刷，严禁在其他地方使用，严禁涂刷于钢筋上。

（4）涂刷水洗剂时应涂刷均匀，严禁有流淌、堆积现象。

（5）涂刷厚度不少于2 mm，且需涂刷两次，两次涂刷的时间间隔不少于20 min。

（6）工具使用后应清理干净，整齐放入指定工具箱内。

（7）及时清扫作业区域，垃圾放入垃圾桶内。

涂刷水洗剂作业见图4-34。

(a)露骨料部位的模具或模板表面涂刷 (b)在混凝土表面喷洒水洗剂

图4-34 涂刷水洗剂作业

第三节 钢筋与预埋件制作安装

钢筋与预埋件制作安装主要包括三个作业分项,按照施工顺序依次为:钢筋加工制作→钢筋绑扎→预埋件安装。

一、钢筋加工制作

钢筋原材经过单根钢筋的制备、钢筋网和钢筋骨架的组合以及预应力钢筋的加工等工序制成成品后,运至生产线安装。

(一)钢筋配料

钢筋下料长度与图纸中尺寸不同,必须了解钢筋弯曲、弯钩等情况,结合图纸中尺寸计算其下料长度,核对钢筋下料单,确认无误后下单加工。

(二)钢筋加工

1.钢筋除锈

钢筋的表面应洁净。油渍、漆污和用锤敲击时能剥落的浮皮、铁锈等应在加工前清除干净。在焊接前,焊点处的水锈应清除干净。

2.钢筋调直

采用钢筋调直机(见图4-35)调直冷拔钢丝和细钢筋时,要根据钢筋的直径选用调直模和传送压辊,并要正确掌握调直模的偏移量和压辊的压紧程度。

调直模的偏移量,根据其磨耗程度及钢筋品种通过试验确定。钢筋调直的关键是调直筒两端的调直模一定要在调直前后导孔的轴心线上。

压辊的槽宽,一般在钢筋穿入压辊之后,在上下压辊间宜有3 mm之内的间隙。压辊的压紧程度要做到既保证钢筋能顺利地被牵引前进,看不出钢筋有明显的转动,又要保证在被切断的瞬时钢筋和压辊间有允许打滑。

3.钢筋切断

(1)将同规格钢筋根据不同长度长短搭配,统筹排料;一般应先断长料,后断短料,减少短头,减少损耗。

(2)断料时应避免用短尺量长料,防止在量料时产生累积误差。为此,宜在工作台上标出尺寸刻度线并设置控制断料尺寸用的挡板。

（3）在切断过程中，如发现钢筋有劈裂、缩头或影响使用的弯头等情况必须切除。

（4）钢筋的断口，不得有马蹄形或起弯等现象。

钢筋切断机如图 4-36 所示。

图 4-35　钢筋调直机

图 4-36　钢筋切断机

4. 钢筋弯曲成型

1）受力钢筋

当设计要求钢筋末端需做 135° 弯钩时，HRB335 级、HRB400 级钢筋的弯弧内直径 D 不应小于钢筋直径的 4 倍，弯钩的弯后平直部分长度应符合设计要求。

钢筋做不大于 90° 的弯折时，弯折处的弯弧内直径不应小于钢筋直径的 5 倍。

2）箍筋

除焊接封闭环式箍筋外，箍筋的末端应做弯钩。弯钩形式应符合设计要求；当设计无具体要求时，应符合下列规定：

箍筋弯钩的弯弧内直径除应满足本条第 1）点外，尚应不小于钢筋的直径。

箍筋弯钩的弯折角度：对一般结构，不应小于 90°；对有抗震等要求的结构应为 135°。

箍筋弯后的平直部分长度：对一般结构，不宜小于箍筋直径的 5 倍；对有抗震要求的结构，不应小于箍筋直径的 10 倍和 75 mm 二者的较大值。

二、钢筋绑扎

钢筋绑扎按照以下要求进行。

（1）按照生产计划，确保钢筋的规格、型号、数量正确。

（2）绑扎前对钢筋质量进行检查，确保钢筋表面无锈蚀、污垢。

（3）绑扎基础钢筋时按照规定摆放钢筋支架与马凳，不得任意减少架子工装。

（4）严格按照图纸进行绑扎，保证外露钢筋的外露尺寸，保证箍筋及主筋间距，保证钢筋保护层厚度，所有尺寸误差不得超过 ±5 mm，严禁私自改动钢筋笼结构。

（5）用两根绑线绑扎连接，相邻两个绑扎点的绑扎方向相反。

（6）拉筋绑扎应严格按图施工，拉筋勾在受力主筋上，不准漏放，135° 钩靠下，直角钩靠上，待绑扎完成后再手工将直角钩弯下成 135°。

（7）钢筋垫块严禁漏放、少放，确保混凝土保护层厚度。

（8）成品钢筋笼挂牌后按照型号存入成品区。

（9）工具使用后应清理干净，整齐放入指定工具箱内。

（10）及时清扫作业区域，垃圾放入垃圾桶内。

钢筋绑扎工艺如图 4-37 所示。

(a)钢筋绑扎　　　　　　　(b)叠合板布筋

(c)内墙布筋　　　　　　　(d)外墙布筋

(e)阳台布筋　　　　　　　(f)预制路面布筋

图 4-37　钢筋绑扎工艺

三、预埋件安装

部分预埋件安装按以下要求进行。

（1）根据墙体尺寸合理组合搭接使用预埋线管，严禁过度浪费整根线管。

（2）根据生产计划需要，提前预备所需预埋件，避免因备料影响生产线进度。

（3）安装埋件之前对所有工装和埋件固定器进行检查，如有损坏、变形现象，禁止使用。

（4）安装埋件时，禁止直接踩踏钢筋笼，个别部位可以搭跳板，以免工作人员被钢筋扎伤或使钢筋笼产生凹陷。

（5）在埋件固定器上均匀涂刷脱模剂后按图纸要求固定在模具底模上，确保预埋件与底模垂直、连接牢固。

（6）所有预埋内螺纹套筒都需按图纸要求穿钢筋，钢筋外露尺寸要一致，内螺纹套筒上的钢筋要固定在钢筋笼上。

（7）安装电器盒时首先用埋件固定器将电器盒固定在底模上，再将电器盒与线管连接好，电器盒多余孔用胶带堵上，以免漏浆。电器盒上表面要与混凝土上表面平齐，线管绑扎在内叶墙钢筋骨架上，用胶带把所有埋件上口封堵严实，以免进浆。

（8）安装套筒时套筒与底边模板垂直，套筒端头与模板之间无间隙。

（9）跟踪浇筑完成的构件，可拆除的预埋件（小磁吸等）必须及时拆除。

（10）工具使用后清理干净，整齐放入指定工具箱内。

（11）及时清扫作业区域，垃圾放入垃圾桶内。

构件预埋件如图 4-38 所示。

(a)水电预埋   (b)磁吸预埋

(c)钢筋套筒预埋   (d)保温连接件预埋

图 4-38 构件预埋件

第四节　混凝土浇筑与养护

一、混凝土搅拌与运输

（一）搅拌

由工厂搅拌站人员根据车间布料员报送的混凝土规格（浇筑构件类型、构件编号、混凝土类型及强度、坍落度要求及需求混凝土方量）情况进行拌料。

（二）输送

混凝土拌完后打入自动运输罐中，通过对讲机通知车间布料员，布料员控制运输罐自动运输到车间布料台处，并将混凝土倒入自动布料机中。混凝土输送过程如图4-39所示。

(a)运输罐运输混凝土　　　　　　　　(b)导入布料机

图4-39　混凝土输送过程

二、混凝土浇筑及养护

（一）混凝土浇筑

混凝土浇筑工艺如图4-40所示。

（1）合理安排报料、运输、布料及构件浇筑顺序，最大化提高浇筑效率，避免因人为因素影响生产进度。

（2）浇筑前观察混凝土坍落度，坍落度过大或过小均不允许使用。

（3）浇筑时确保预埋件及工装位置不变。

（4）浇筑时控制混凝土厚度，在基本达到厚度要求时停止下料，混凝土上表面与侧模上沿保持在同一个平面。

（5）无特殊情况时必须采用振动台上的振动电机进行整体振捣，如有特殊情况（如坍落度过小、局部堆积过高等）可以采用振捣棒振捣。振捣至混凝土表面无明显气泡溢出，保证混凝土表面水平，无突出石子。

（6）作业期间，工作人员时刻注意布料机的走向，避免在工作中被布料机碰伤。

（7）及时、准确、清晰、详细记录构件浇筑情况并保管好文件资料。

（8）收面、抹面次数不少于三次，具体参见以下步骤：

第一步，先使用刮杠或震动赶平机将混凝土表面刮平，确保混凝土厚度不超出模具上沿。

(a)模台就位

(b)布料振捣

图 4-40　混凝土浇筑工艺

　　第二步,用塑料抹子粗抹,做到表面基本平整,无外漏石子,外表面无凹凸现象,四周侧板的上沿(基准面)要清理干净,避免边沿超厚或有毛边。此步完成之后需静停不少于 1 h 再进行下次抹面。

　　第三步,将所有埋件的工装拆掉,并及时清理干净,整齐地摆放到指定位置,锥形套留置在混凝土上,并用泡沫棒将锥形套孔封严,保证锥形套上表面与混凝土表面平齐。

　　第四步,使用铁抹子找平,特别注意埋件、线盒及外露线管四周的平整度,边沿的混凝土如果高出模具上沿要及时压平,保证边沿不超厚并无毛边,此道工序需将表面平整度控制在 2 mm 以内,此步完成需静停 2 h。

　　第五步,使用铁抹子对混凝土上表面进行压光,保证表面无裂纹、无气泡、无杂质、无杂物,表面平整光洁,不允许有凹凸现象。此步应使用靠尺边测量边找平,保证上表面平整度在 2 mm 以内。

　　(9)将所有埋件的工装拆掉,清理干净后整齐地摆放到指定工具箱内。

　　(10)工具使用后清理干净,整齐放入指定工具箱内。

　　(11)如遇特殊情况应及时向班组长或管理人员说明情况。

　　(12)监控并详细记录预养护室内温度、湿度变化情况。

　　(13)合理控制构件进出预养护仓,不得影响生产线生产。

　　收面工艺如图 4-41 所示。

(a)墙面振动刮平

(b)叠合板拉毛

图 4-41　收面工艺

（二）混凝土养护

混凝土养护在构件养护窑内进行，如图 4-42 所示。

(a)构件养护

(b)构件养护完成

图 4-42　构件养护窑养护

（1）保证控制室内及养护窑周边干净整洁。

（2）监控并详细记录养护室内温度、湿度变化情况，蒸养 10～12 h 可进入下道工序，蒸养温度最高不超过 60 ℃。

（3）养护过程分升温、恒温、降温三个阶段，升温速率不大于 10 ℃/h，降温速率不大于 15 ℃/h。

（4）冬季施工构件进入养护窑前需要覆盖塑料薄膜，防止出窑后温度骤降引起构件表面收缩裂纹。

（5）每个构件进窑前必须准确、清晰地在构件合适位置标注构件编号、浇筑日期等信息。

（6）准确、清晰地记录养护窑使用情况并保管好文件资料。

（7）合理控制构件存取，积极配合生产各项安排，不得影响生产线生产。

（8）阻止无关人员进入控制室，有义务维护控制室内各种设备的正常运行。

三、脱模及表面检查

（1）拆模之前需进行混凝土抗压试验，试验结果达到拆模强度方可拆模，严禁未达到强度进行拆模。

（2）用扳手把侧模的紧固螺栓拆下，把固定磁盒磁性开关打开然后拆下，确保都拆卸完成后将边模平行向外移出，防止边模在拆卸中变形。卸磁盒使用专用工具，严禁使用重物敲打拆除磁盒。

（3）用吊车(或专用吊具)将窗模以及门模吊起，放到指定位置的垫木上。吊模具时，挂好吊钩后，所有作业人员应远离模具，听从指挥人员的指挥。

（4）拆卸下来的所有工装、螺栓、各种零件等必须放到指定位置，禁止乱放，以免丢失。

（5）将拆下的边模由两人抬起轻放到底模边上的指定位置，用木方垫好，确保侧模摆放稳固，侧模拆卸后应轻拿轻放，并整齐摆放到指定位置。

（6）模具拆卸完毕后，将底模周围的卫生打扫干净，垃圾放入旁边的垃圾桶内。

（7）如遇特殊情况(如窗口模具无法脱模等)，应及时向施工员汇报，禁止私自强行拆卸。

(8)完全脱模后检查构件表面问题(如外观质量、预埋物件、外漏钢筋、水洗面、注浆孔等)。构架出库及脱模如图4-43所示。

| (a)构件取出 | (b)构件脱模 |

图4-43 构架出库及脱模

第五节 成品防护

成品防护主要指构件制造过程中的工序与工序之间的保护,主要是防止各工序之间的相互影响、相互污染,最大限度地减少构件磕碰损伤(主要在拆模及转运环节)。

成品防护是指为了保证任意工序成果免受其他工序施工的破坏而采取的整体规划的措施或方案。在构件制作过程中,应尽可能防止各工序之间相互影响、相互污染,最大程度地减少构件磕碰损伤。

一、模具安装

模具的安装程序为:清模→组模→涂刷脱模剂→涂刷水洗剂→安装模具。

(1)模具边棱处混凝土残渣清理不干净会影响组模精度,合模不严密会产生漏浆和蜂窝麻面等质量问题。

(2)构件光滑面模具侧边、模台表面清理不干净、有杂物会造成脱模剂涂刷不均匀,则造成生产的构件表面不光滑、有气孔;脱模剂聚集未用抹布擦干,则会造成构件表面粉化。

(3)水洗面模具不能光滑,否则会导致水洗剂涂刷不均匀和流挂现象,造成构件边棱破损,进而影响构件冲洗效果和外观质量。

二、钢筋与预埋件安装

钢筋与预埋件安装程序为:钢筋加工制作→钢筋绑扎→预埋件安装。

(1)钢筋加工误差较大会影响钢筋绑扎质量及模具安拆,如剪力墙水平环筋高度偏大会造成入模、拆模困难,偏小会造成套筒钢筋安装困难。

(2)钢筋固定位置偏差会影响预埋件定位,如叠合板施工中会因为网片钢筋偏差影响预埋安装,只能切断钢筋再进行局部加强。

(3)预埋件位置要求比较精准,但是钢筋绑扎、预埋本身交叉施工、浇筑混凝土、振捣、收面等都会造成预埋件偏位。

三、混凝土浇筑与养护

混凝土浇筑与养护的程序为:浇筑→预养收面→养护→脱模→洗水。

(1)浇筑混凝土要避开预埋脆弱位置,浇筑过程中造成预埋偏位的要标示并告知收面人员纠正。

(2)浇筑混凝土要根据不同构件类型、不同养护条件选用合适的坍落度,选用不当会产生构件过振、少振、收面困难等问题。

(3)预养收面要在最后一次检查时对预埋件偏位情况进行检查纠正。

(4)养护要根据养护环境条件选择合适的养护措施,如温差过大、洒水不均匀会产生均布裂纹,薄膜张贴不均会造成构件表面颜色不均。

(5)拆模要讲究方法与技巧,避免损伤模具、破坏构件棱角。

(6)水洗面冲洗要等构件达到起吊强度后再进行,否则水洗液会渗入构件底面,污染表面,使构件表面粉化、色泽不均,形成花面。

第六节　典型构件制作介绍

外墙结构保温装饰一体化是将外墙结构、保温系统与外墙装饰系统三者合一(见图4-44)。它可以有效提高用户的投资回报率,提升工程质量,减少能源消耗,大大缩短外墙保温和装饰工程的工期。

二维码4-4　构件制作案例

图4-44　结构保温装饰一体化外墙

一、工艺介绍

结构保温装饰一体化外墙,由装饰层、外叶墙、保温层、内叶墙4层组成,其中内叶墙和外叶墙一般为钢筋混凝土材质,保温层通常为挤塑聚苯绝热板(XPS),装饰层通常为瓷砖、石材、雕刻饰面等。内外叶墙之间通过纤维复合材料特制的保温拉结件连接在一起,装饰层通过瓷砖和石材反打技术复合在预制混凝土外墙板上。

二、工艺流程

结构保温装饰一体化外墙工艺流程为:装饰层施工→外叶墙施工→保温层施工→内叶墙施工。

(1)装饰层施工(以石材反打工艺为例):石材准备→安装爪钉→防碱处理→石材拼

铺→接缝处理。

（2）外叶墙施工：模板支设→放置钢筋网片或骨架→浇筑混凝土。

（3）保温层施工：保温板铺设→放置保温连接件。

（4）内叶墙施工：模板支设→放置钢筋网片或骨架→预埋线管→浇筑混凝土→振动赶平→收光→养护→拆模→冲洗→起吊等。

三、操作流程

（一）装饰层施工（以石材反打工艺为例）

（1）石材进厂按要求堆放整齐并做好标识，防止错用、混用。

（2）按石材排版图进行石材尺寸加工及背面开孔。

（3）安装爪钉，孔内注嵌固胶，石材背面进行防碱背涂处理，要求涂刷均匀。石材背面进行防碱背涂处理后，放置在通风条件较好处晾干。

（4）按各预制构件编号归类入架，防止错用、混用。

（5）按照设计尺寸和石材拼装方案进行石材预拼铺。

（6）利用专业工具调整反打石材板缝，缝宽要求 5 mm。

（7）石材背面接缝处采用硅酮胶进行防水处理，防止浇捣预制构件混凝土过程中漏浆及后期石材面出现渗水现象。

（8）清理固定窗框下模具的灰尘，并贴自粘性胶条，防止浇筑预制构件过程中漏浆。

石材反打制作工艺（装饰面一次成型）如图 4-45 所示。

(a)石材尺寸加工及背面开孔

(b)石材堆放

(c)防碱背涂处理

(d)归类入架

图 4-45 石材反打制作工艺（装饰面一次成型）

(e)石材预拼铺

(f)PE棒调整反打石材板缝

(g)防水处理

(h)贴自粘性胶条

续图 4-45

装饰面一次成型图片如图 4-46 所示。

（二）外叶墙、保温层施工

（1）边模处设置外叶墙板混凝土、保温板、内叶墙板混凝土的厚度标记，然后放置外叶墙钢筋网片、浇筑外叶墙混凝土，用振动拖板等工具使外叶墙混凝土表面呈平整状态。

（2）铺设保温板，保温板尺寸要提前裁剪好并按铺设顺序编号，保温板上要按照图纸要求在设计位置上放置保温连接件，保温板铺装时应紧密排列，保温连接件要放置正确、连接牢固。

保温板、外叶墙施工如图 4-47 所示。

（三）内叶墙施工

（1）放置内叶墙模具，模具清理干净，用螺栓和磁盒固定牢固，涂刷脱模剂和水洗剂。

（2）放置内叶墙钢筋骨架，按照图纸要求核对钢筋位置、品种、级别、规格和数量，上层钢筋采用垫块和吊挂结合方式确保钢筋保护层满足设计要求。

（3）按照图纸设计将内叶墙上预埋件预埋在相应位置。

（4）浇筑内叶墙板混凝土，浇筑时应避免振动器触及保温板和连接件。

（5）振动赶平机将内叶墙表面振动赶平，注意保护构件表面预埋件不被破坏。

（6）收面压光，构件先在预养护仓内达到收面条件，将表面压光。

（7）养护，压光后覆盖养护薄膜，进入标准养护窑内养护。

（8）构件养护强度达到脱模条件时脱模，避免破坏构件棱角。

（9）冲洗，构件吊运至构件冲洗区后用高压水枪冲洗至表面符合要求。

(a)预制构件石材饰面成品

(b)预制构件MCM(软瓷砖)饰面成品

(c)预制构件雕刻饰面(八骏图)成品

图4-46 装饰面一次成型图片

(a)保温板、连接件、外叶墙钢筋安装

(b)外叶墙混凝土自动布料

图4-47 保温板、外叶墙施工

(10)冲洗后,合格构件可起吊转运至堆场存放。

内叶墙施工工艺如图4-48所示。

(a)振捣收面

(b)水洗粗糙面

图 4-48　内叶墙施工工艺

习　题

一、填空题

1.预制构件钢筋加工常用设备有_____、_____、_____、_____。

2.预制生产线设备主要有清理机、_____、划线机、_____、混凝土布料机、混凝土振动台、_____、_____、_____、_____、码垛车、_____、_____、摆渡车、远程监控系统及模板自动识别系统。

3.拉毛机主要由____、_____、_____及_____等组成。

4.预养护仓主要由_____、_____、_____、_____、_____及_____等组成。

5.翻板机主要由_____、_____、_____、_____、_____组成。

6.钢筋加工包括_____,_____,_____,_____。

7.预制构件预埋件主要有_____、_____、_____、_____。

二、选择题

1.有关混凝土振动模台的基本操作选项正确的是(　　)。

Ⅰ.接模台准备　　Ⅱ.模台进入　　Ⅲ.模台就位及模台夹紧　　Ⅳ.振捣

A.Ⅰ、Ⅱ、Ⅳ　　　B.Ⅰ、Ⅲ、Ⅳ　　　C.Ⅰ、Ⅱ、Ⅲ、Ⅳ　　　D.Ⅱ、Ⅲ、Ⅳ

2.模具安装主要包括四个作业分项,其施工顺序正确的是(　　)

A.组模、清模、涂刷脱模剂、涂刷水洗剂

B.清模、组模、涂刷脱模剂、涂刷水洗剂

C.组模、清模、涂刷水洗剂、涂刷脱模剂

D.清模、组模、涂刷水洗剂、涂刷脱模剂

3.预制混凝土构件蒸养____h可流入下道工序,蒸养温度最高不超过____℃。下列选项正确的是(　　)。

A.4～6、50　　　　B.7～9、55　　　　C.10～12、60　　　　D.13～15、65

4.预制构件养护过程分升温、恒温、降温三个阶段,升温速率不大于____℃/h,降温速率不大于____℃/h。下列选项正确的是(　　)。

A.5、10　　　　　　B.8、12　　　　　　C.10、12　　　　　　D.10、15

5.混凝土空中运输车因停电或设备故障致使料仓内砂浆存放时间超过(　　)min 时,应立即启动手动液压泵站,打开卸料闸门,泄掉仓内砂浆,并清洗料仓内壁。

A.30　　　　　　　B.45　　　　　　　C.60　　　　　　　D.90

6.构件拆模时混凝土抗压强度达到(　　)MPa 以上方可拆模。

A.15　　　　　　　B.20　　　　　　　C.25　　　　　　　D.30

三、简答题

1.简述装配式混凝土构件制作流程。

2.简述空中混凝土运输车的功能及操作注意事项。

3.简述养护窑的设备特点。

4.简述码垛车的设备操作步骤。

5.简述预埋件安装过程及注意事项。

6.简述混凝土浇筑时需要注意的问题。

第五章　工序与成品质量验收和缺陷修复

1. 通过本章节的学习,了解预制构件各工序与成品质量验收要点和预制构件存在缺陷的修复方法。

2. 熟悉预制构件生产的模具、钢筋、混凝土等几个方面的质量验收要求、质量缺陷等级判定标准、划分方法、构件制作允许偏差及使用规定。

3. 根据预制构件的质量验收要求及规定,学会通过使用检验标准及规范来判定构件缺陷所在部位、严重程度等;掌握预制构件生产工序质量验收表的填写,并判断外观质量缺陷等级。

在预制构件生产企业中,质量检验是客观、重要的,严格质量检验制度、加强质量检验和质量监督工作是保证产品质量不容忽视、不可缺少的重要环节。构件的生产是一个复杂的过程,人、机、料、法、环等诸多要素都可能对生产过程的变化产生影响,因此工序质量和成品质量验收尤为重要。

构件检验项目分为主控项目和一般项目。影响结构安全、质量、节能、环境保护和主要使用功能的检验项目为主控项目,其他检验项目为一般项目。构件检验的主要依据包括现行标准《装配式混凝土建筑技术标准》(GB/T 51231)、《混凝土结构工程施工质量验收规范》(GB 50204)、《装配式混凝土结构技术规程》(JGJ 1)、《钢筋套筒灌浆连接应用技术规程》(JGJ 355)和其他国家、行业标准。

第一节　工序质量验收

预制构件生产的质量检验与评定应按模具、钢筋、混凝土、成品预制构件等项目进行。各构件生产工序质量检验表详见表5-1。

表 5-1 构件生产工序质量检验表

构件编号：＿＿＿＿＿ 构件类型：剪力墙外墙板□ 内墙板□ 填充墙隔墙板□ 叠合板□ 楼梯□ 空调板□ 外挂造型板□ 其他＿＿＿＿

工序	质量控制点	检查人	检查时间	备注
模台清理	1. 模台是否清理干净。干净□ 不干净□			
模台画线	1. 是否张贴构件图纸及质量控制点流程表。是□ 否□			
	2. 画线图所画构件与张贴图纸是否一致。一致□ 不一致□			
	3. 画线图图线是否细而清晰。是□ 否□			
模板安装	1. 模板内外表面是否清理干净。干净□ 不干净□			
	2. 防漏浆单面胶条是否按照规范张贴。是□ 否□			
	3. 模板是否对号拼装且螺栓紧固。是□ 否□			
	4. 脱模剂、水洗剂是否按照规范涂刷。是□ 否□			
	5. 模板尺寸核查是否合格（长、宽误差 −2～1 mm，对角线 <3 mm，厚度 <2 mm）。是□ 否□			
钢筋绑扎	1. 领用加工的钢筋与构件图纸所示是否一致（规格、型号、数量）。是□ 否□			
	2. 是否严格按照图纸绑扎钢筋（外露尺寸、钢筋间距等误差不超过±5 mm）。是□ 否□			
	3. 钢筋搭接处绑扎点是否不少于两个且相邻两根相反方向放置。是□ 否□			
	4. 拉钩是否勾在主受力筋上且朝上放置的90°弯钩绑扎完成后是否手工弯下成135°。是□ 否□			
	5. 保护层厚度是否符合要求（垫块不得漏放、少放）。是□ 否□			
水电预埋	1. 构件所需预埋配件是否提前备好。是□ 否□			
	2. 吊点设计埋设□个，实际埋设□个			
	3. 线盒设计埋设□个，实际埋设□个			
	4. 线盒固定是否牢固。牢固□ 不牢固□			
	5. 线盒表面是否与混凝土面齐平。齐平□ 不齐平□			
	6. 预埋过程是否使用跳板（不得破坏钢筋笼及污染构件）。是□ 否□			

续表 5-1

工序	质量控制点	检查人	检查时间	备注
水电预埋	7. 预埋套筒是否紧固牢固,垂直且保证不漏浆。是□ 否□			
	8. 是否跟踪构件及时拆除预埋件。是□ 否□			
混凝土浇筑	1. 所报混凝土型号是否与图纸设计一致。是□ 否□			
	2. 混凝土坍落度是否适用。是□ 否□			
	3. 浇筑完成面是否与模板上表面在同一个平面。是□ 否□			
	4. 振捣是否充分,表面无明显气泡溢出。是□ 否□			
	5. 外漏模外侧混凝土是否及时清理。是□ 否□			
	6. 振捣完成时是否检查模板是否跑位。是□ 否□			
	7. 是否详细、清晰地记录构件浇筑情况。是□ 否□			
挤塑板加工	1. 所用挤塑板及连接件是否与图纸一致。是□ 否□			
	2. 外露部分挤塑板是否拼缝严严且粘贴胶带时保持干净。是□ 否□			
	3. 外漏部分连接件是否安装整齐美观且不影响模板拆除。是□ 否□			
	4. 多余小块挤塑板是否作为洞口塞条等尽量使用。是□ 否□			
	5. 内叶墙浇筑完成后是否立即拼装挤塑板且拼装后无凸凹不平。是□ 否□			
	6. 连接件是否规范安插,插到位。是□ 否□			
	7. 外露挤塑板边缘是否平齐且无翘曲。是□ 否□			
混凝土收面	1. 是否严格按照作业指导书的五步收面法进行收面。是□ 否□			
	2. 收面过程中是否破坏预埋物件。是□ 否□			
	3. 收面完成时表面是否光洁,平整度在 2 mm 以内。是□ 否□			
	4. 赶平机、刮杠、抹面残留混凝土等是否及时清理干净。是□ 否□			

续表 5-1

工序	质量控制点	检查人	检查时间	备注
拉毛	1. 是否在叠合板终凝时及时拉毛。是☐　否☐			
	2. 拉毛深度是否不小于 4 mm 目外观美观。是☐　否☐			
养护仓	1. 是否详细记录养护仓内温度、湿度情况。是☐　否☐			
	2. 是否清晰、详细记录构件进出场情况。是☐　否☐			
	3. 是否准确、清晰做好构件标示。是☐　否☐			
模板拆除	1. 拆模之前强度是否达到 20 MPa 以上。是☐　否☐			
	2. 模板平移之前螺栓及磁盒是否全部拆除。是☐　否☐			
	3. 行车吊运模板是否遵守安全操作规定。是☐　否☐			
	4. 所拆模板及配件是否在指定位置整齐、安全放置。是☐　否☐			
	5. 所拆模板是否内外表面清理干净。是☐　否☐			
	6. 模板拆除后是否有损坏、变形。是☐　否☐			
构件冲洗	1. 构件吊至冲洗区前是否检查吊具安全隐患（吊钩变形、绳索开裂、行车故障）。是☐　否☐			
	2. 构件冲洗后是否在 30 min 内冲洗完成。是☐　否☐			
	3. 构件冲洗完成后是否达到叠合板表面凸凹不小于 4 mm，面积不小于 80%；墙表面凸凹不小于 6 mm，面积不小于 80%。是☐　否☐			
	4. 构件表面（挤塑板、外露钢筋、混凝土面）的污渍是否去除干净。是☐　否☐			
	5. 套筒残余混凝土是否清理干净。是☐　否☐			
	6. 排水槽是否及时清理。是☐　否☐			

续表 5-1

工序	质量整制点	检查人	检查时间	备注
构件修补	1. 修补用料是否按照实验室下发比例进行配料。是□ 否□			
	2. 针对构件不同缺陷是否按照作业指导书规定方法进行修补。是□ 否□			
	3. 修补完成后表面是否光滑美观、色泽一致。是□ 否□			
	4. 构件侧边是否用磨光机打磨光滑。是□ 否□			
构件吊装	1. 吊装前是否检查吊装工器具安全隐患。是□ 否□			
	2. 吊装构件是否存放到指定位置且堆放整齐、规范、安全。是□ 否□			
	3. 运输构件是否检查型号准确及有无缺陷。是□ 否□			
	4. 运输构件是否有发货单。是□ 否□			
	5. 构件转运过程中是否有磕碰损坏。有□ 无□			
	6. 运输车上构件是否固定牢固,无安全隐患。是□ 否□			
	7. 吊运过程是否遵守安全操作规程,无安全隐患。是□ 否□			
	8. 构件吊运是否有详细,准确的记录。是□ 否□			
钢筋加工	1. 是否核对图纸钢筋下料尺寸。是□ 否□			
	2. 是否严格按照图纸下料。是□ 否□			
	3. 加工钢筋尺寸误差是否满足 −1～3 mm。是□ 否□			

第二节 模 具

模具按下列规定进行检验。

（1）模具应具有足够的强度、刚度和整体稳固性，且应符合下列规定：

①模具应装拆方便，应满足预制构件质量、生产工艺和周转次数等要求。

②结构造型复杂、外型有特殊要求的模具应制作样板，经检验合格后方可批量制作。

③模具各部件之间应连接牢固，接缝应紧密，附带的埋件或工装应定位准确，安装牢固。

④用作底模的台座、脱模、地坪及铺设的底板等应平整光洁，不得下沉、裂缝、起砂和起鼓。

⑤模具应保持清洁，涂刷脱模剂、表面缓凝剂时应均匀、无漏刷、无堆积，且不得玷污钢筋，不得影响预制构件外观质量。

⑥应定期检查侧模、预埋件和预留孔洞定位措施的有效性；应采取防止模具变形和锈蚀的措施；重新启用的磨具应检验合格后方可使用。

⑦模具与模台间的螺栓、定位销、磁盒等固定应可靠，以防止混凝土振捣成型时造成模具偏移和漏浆。

（2）除设计有特殊要求外，预制构件模具尺寸偏差和检验方法应符合表5-2的规定。

表 5-2 预制构件模具尺寸允许偏差及检验方法

项次	检验项目及内容		允许偏差（mm）	检验方法
1	长度	≤6 m	1，−2	用尺量平行构件高度方向，取其中偏差绝对值较大处
		>6 m，且≤12 m	2，−4	
		>12 m	3，−5	
2	宽度、高（厚）度	墙板	1，−2	用尺测量两端或中部，取其中偏差绝对值较大处
3		其他构件	2，−4	
4	对角线差		3	用尺量对角线
5	侧向弯曲		$L/1\,500$ 且≤5	拉线，用钢尺量侧向弯曲最大处
6	翘曲		$L/1\,500$	四对角拉两条线，量测两线交点之间的距离，其值的2倍为翘曲值
7	底模表面平整度		2	用2 m靠尺和塞尺量
8	组装缝隙		1	用塞片或塞尺量，取最大值
9	端模与侧模高低差		1	用钢尺量

注：L 为模具与混凝土接触面中最长边尺寸。

（3）预埋件和预留孔洞宜通过模具进行定位，并安装牢固，其安装偏差应符合表5-3的规定。

表 5-3　模具上预埋件、预留孔洞安装允许偏差

项次	检验项目		允许偏差（mm）	检验方法
1	预埋钢板、建筑幕墙用槽式预埋组件	中心线位置	3	用尺量测纵、横两个方向的中心线位置，取其中较大值
		平面高差	±2	钢直尺和塞尺检查
2	预埋管、电线盒、电线管水平和垂直方向的中心线位置偏移、预留孔、浆锚搭接预留孔（或波纹管）		2	用尺量测纵、横两个方向的中心线位置，取其中较大值
3	插筋	中心线位置	3	用尺量测纵、横两个方向的中心线位置，取其中较大值
		外露长度	+10，0	用尺量测
4	吊环	中心线位置	3	用尺量测纵、横两个方向的中心线位置，取其中较大值
		外露长度	0，−5	用尺量测
5	预埋螺栓	中心线位置	2	用尺量测纵、横两个方向的中心线位置，取其中较大值
		外露长度	+5，0	用尺量测
6	预埋螺母	中心线位置	2	用尺量测纵、横两个方向的中心线位置，取其中较大值
		平面高差	±1	钢直尺和塞尺检查
7	预留洞	中心线位置	3	用尺量测纵、横两个方向的中心线位置，取其中较大值
		尺寸	+3，0	用尺量测纵、横两个方向尺寸，取其中较大值
8	灌浆套筒及连接钢筋	灌浆套筒中心线位置	1	用尺量测纵、横两个方向的中心线位置，取其中较大值
		连接钢筋中心线位置	1	用尺量测纵、横两个方向的中心线位置，取其中较大值
		连接钢筋外露长度	+5，0	用尺量测

　　（4）预埋门窗框时，应在模具上设置限位装置进行固定，并应逐件检验。门窗框安装允许偏差和检验方法应符合表 5-4 的规定。

表 5-4　门窗框安装允许偏差和检验方法

项目		允许偏差（mm）	检验方法
锚固脚片	中心线位置	5	钢尺检查
	外露长度	+5,0	钢尺检查
门窗框位置		2	钢尺检查
门窗框高、宽		±2	钢尺检查
门窗框对角线		±2	钢尺检查
门窗框的平整度		2	靠尺检查

第三节　钢　筋

钢筋按下列规定进行检验。

（1）钢筋宜采用自动化机械设备加工，并应符合现行国家标准《混凝土结构工程施工规范》（GB 50666）的有关规定。

（2）钢筋连接除符合现行国家标准《混凝土结构工程施工规范》（GB 50666）的有关规定外，还应符合下列规定：

①钢筋接头的方式、位置、同一截面受力钢筋的接头百分率、钢筋的搭接长度及锚固长度等应符合设计要求或国家现行有关标准的规定。

②钢筋焊接接头、机械连接接头和套筒灌浆连接接头均应进行工艺检验，检验结果合格后方可进行预制构件生产。

③螺纹焊接接头和半灌浆套筒连接接头应使用专用扭力扳手拧紧至规定扭力值。

④钢筋焊接接头和机械连接接头应全数进行外观质量检查。

⑤焊接接头、钢筋机械连接接头、钢筋套筒灌浆连接接头力学性能应符合现行行业标准《钢筋焊接及验收规程》（JGJ 18）、《钢筋机械连接技术规程》（JGJ 107）和《钢筋套筒灌浆连接应用技术规程》（JGJ 355）的有关规定。

（3）钢筋半成品、钢筋网片、钢筋骨架和钢筋桁架应检查合格后方可进行安装，且应符合下列规定：

①钢筋表面不得有油污，不得严重锈蚀。

②钢筋网片和钢筋骨架宜采用专用吊架进行吊运。

③混凝土保护层厚度应满足设计要求。保护层垫块宜与钢筋骨架或网片绑扎牢固，按梅花状布置，间距满足钢筋限位及控制变形要求，钢筋绑扎丝甩扣应弯向构件内侧。

④钢筋成品的尺寸允许偏差应符合表 5-5 的规定，钢筋桁架的尺寸允许偏差应符合表 5-6 的规定。

表 5-5 钢筋成品的允许偏差和检验方法

项目		允许偏差（mm）	检查方法
钢筋网片	长、宽	±5	钢尺检查
	网眼尺寸	±10	钢尺量连续三档，取最大值
	对角线	5	钢尺检查
	端头不齐	5	钢尺检查
钢筋骨架	长	0，-5	钢尺检查
	宽	±5	钢尺检查
	高（厚）	±5	钢尺检查
	主筋间距	±10	钢尺量两端、中间各一点，取最大值
	主筋排距	±5	钢尺量两端、中间各一点，取最大值
	箍筋间距	±10	钢尺量连续三档，取最大值
	弯起点位置	15	钢尺检查
	端头不齐	5	钢尺检查
	保护层 柱、梁	±5	钢尺检查
	保护层 板、墙	±3	钢尺检查

表 5-6 钢筋桁架尺寸允许偏差

相次	检验项目	允许偏差（mm）
1	长度	总长度的 ±0.3%，且不超过 ±10
2	高度	+1，-3
3	宽度	±5
4	扭翘	≤5

第四节 预应力构件

（1）预应力构件生产应编制专项方案，且应符合现行国家标准《混凝土结构工程施工规范》（GB 50666）的有关规定。

（2）预应力张拉台座应进行专项施工设计，且应具有足够的承载力，刚度及整体稳固性应能满足各阶段施工荷载和施工工艺要求。

（3）预应力筋下料应符合下列规定：

①预应力筋的下料长度应根据台座的长度、锚夹具长度等经过计算确定。

②预应力筋应使用砂轮锯或切断机等机械方法切断，不得采用电弧焊或气焊切断。

（4）钢丝墩头及下料长度偏差应符合下料规定：

①墩头的头型直径不宜小于钢丝直径的 1.5 倍,高度不宜小于钢丝直径。

②墩头不应出现横向裂纹。

③当钢丝束两端均采用墩头锚具时,同一束中各根钢丝长度的极差不应大于钢丝长度的 1/5 000,且不应大于 5 mm;当成组张拉长度不大于 10 m 的钢丝时,同组钢丝长度的极差不得大于 2 mm。

(5)预应力筋的安装、定位和保护层厚度应符合设计要求。模外张拉工艺的预应力筋保护层厚度可用梳筋条槽口深度或端头垫板厚度控制。

(6)预应力筋张拉设备及压力表应定期维护和标定,并应符合下列规定:

①张拉设备和压力表应配套标定和使用,标定期限不应超过半年;当使用过程中出现反常现象或张拉设备检修后,应重新标定。

②压力表的量程应大于张拉工作压力读数,压力表的精确度等级不应低于 1.6 级。

③标定张拉设备用的试验机或测力计的测力示值不确定度不应大于 1.0%。

④张拉设备标定时,千斤顶活塞的运行方向应与实际张拉工作状态一致。

(7)预应力筋的张拉控制应力应符合设计及专项方案的要求。当需要超张拉时,调整后的张拉控制应力 σ_{con} 应符合下列规定:

①消除应力钢丝、钢绞线:$\sigma_{con} \leqslant 0.80 f_{ptk}$。

②中强度预应力钢丝:$\sigma_{con} \leqslant 0.75 f_{ptk}$。

③预应力螺纹钢筋:$\sigma_{con} \leqslant 0.90 f_{pyk}$。

式中　σ_{con}——预应力筋张拉控制应力;

　　　f_{ptk}——预应力筋极限强度标准值;

　　　f_{pyk}——预应力螺纹钢筋屈服强度标准值。

(8)采用应力控制方法张拉时,应校核最大张拉力下预应力筋伸长值。实测伸长值与计算伸长值的偏差应控制在 ±6% 之内,否则应查明原因并采取措施后再张拉。

第五节　混凝土施工、养护及脱模

混凝土施工、养护及脱模按下列规定进行检验。

(1)浇筑混凝土前应进行钢筋、预应力的隐蔽工程检查:

①钢筋的牌号、规格、数量、位置和间距。

②纵向受力钢筋的连接方式、接头位置、接头质量、接头面积百分率、搭接长度、锚固方式及锚固长度。

③箍筋弯钩的弯折角度及平直段长度。

④钢筋的混凝土保护层厚度。

⑤预埋件、吊环、插筋、灌浆套筒、预留孔洞、金属波纹管的规格、数量、位置及固定措施。

⑥预埋线盒和管线的规格、数量、位置及固定措施。

⑦夹芯外墙板的保温层位置和厚度,连接件的规格、数量、位置。

⑧预应力筋及其锚具、连接器和锚垫板的品种、规格、数量、位置。

⑨预留孔道的规格、数量、位置,灌浆孔、排气孔、锚固区局部加强构造。

(2)混凝土工作性能指标应根据预制构件产品特点和生产工艺确定,混凝土配合比设计应符合国家现行标准《普通混凝土配合比设计规程》(JGJ 55)和《混凝土结构工程施工规范》(GB 50666)的有关规定。

（3）混凝土应采用有自动计量装置的强制式搅拌机搅拌，并具有生产数据逐盘记录和实时查询功能。混凝土应按照混凝土配合比通知单进行生产，原材料每盘称量的允许偏差应符合表 5-7 的规定。

表 5-7　混凝土原材料每盘称量的允许偏差

项次	材料名称	允许偏差
1	胶凝材料	±2%
2	粗、细骨料	±3%
3	水、外加剂	±1%

（4）混凝土应进行抗压强度检验，并应符合下列规定：

①混凝土检验试件应在浇筑地点就地取样制作。

②每拌制 100 盘且不超过 100 m³ 的同一配合比混凝土，每工作班拌制的同一配合比的混凝土不足 100 盘为一批。

③每批制作强度检验试块不少于 3 组、随机抽取 1 组进行同条件转标准养护后进行强度检验，其余可作为同条件试件在预制构件脱模和出厂时控制其混凝土强度；还可根据预制构件吊装、张拉和放张等要求，留置足够数量的同条件混凝土试块进行强度检验。

④蒸汽养护的预制构件，其强度评定混凝土试块应随同构件蒸养后，再转入标准条件养护。构件脱模起吊、预应力张拉或张拉的混凝土同条件试块，其氧化条件应与构件生产中采用的养护条件相同。

⑤除设计有要求外，预制构件出厂时的混凝土强度不宜低于设计混凝土强度等级值的75%。

（5）带面砖或石材饰面的预制构件宜采用反打一次成型工艺制作，并应符合下列规定：

①应根据设计要求选择面砖的大小、图案、颜色，背面应设置燕尾槽或确保其连接性能可靠的构造设置。

②面砖入模铺设前，宜根据设计排版图将单块面砖制成面砖套件，套件的长度不宜大于600 mm，宽度不宜大于 300 mm。

③石材入模铺设前，宜根据设计排版图的要求进行配板和加工，并应提前在石材背面安装不锈钢锚固拉钩和涂刷防泛碱处理剂。

④应使用柔性好、收缩小、具有抗裂性能且不污染饰面的材料嵌填面砖或石材间的接缝，并应采取防止面砖或石材在安装钢筋机、浇筑混凝土等工序中出现位移的措施。

（6）带保温材料的预制构件宜采用水平浇筑方式成型。夹芯保温墙板成型应符合下列规定：

①连接件的数量和位置应满足设计要求。

②应采取可靠措施保证连接件位置正确、保护层厚度符合要求，并保证连接件在混凝土中可靠锚固。

③应保证保温材料间拼缝严密或使用粘接材料密封处理。

④在上层混凝土浇筑完成之前,需保证下层混凝土不得初凝。

(7)混凝土浇筑应符合下列规定:

①混凝土浇筑前,预埋件预留钢筋的外露部分宜采取防止污染的措施。

②混凝土倾落高度不宜大于 600 mm,并应均匀摊铺。

③混凝土浇筑应连续进行。

④对于混凝土从出机到浇筑完毕的延续时间,气温高于 25 ℃时不宜超过 60 min,气温低于 25 ℃时不宜超过 90 min。

(8)混凝土振捣应符合下列规定:

①混凝土宜采用机械振捣方式成型。振捣设备应根据混凝土的品种、工作性、预制构件的规格和形状等因素确定,应制定振捣成型操作规程。

②当采用振捣棒时,混凝土振捣过程中不应碰触钢筋骨架、面砖和预埋件。

③混凝土振捣过程中应随时检查模具有无遗漏、变形或预埋件有无移位等现象。

(9)预制构件粗糙面成型应符合下列规定:

①可采用模板面预涂混凝剂工艺,脱模后采用高压水冲洗露出骨料。

②叠合面粗糙面可在混凝土初凝前进行拉毛处理。

(10)预制构件养护应符合下列规定:

①应根据预制构件特点和生产任务量选择自然养护、自然养护加养护剂或加热养护方式。

②混凝土浇筑完毕或压面工序完成后应及时覆盖保湿,脱模前不得揭开。

③涂刷养护剂应在混凝土终凝后进行。

④加热养护可选择蒸汽加热、电加热或模具加热等方式。

⑤加热养护制度应通过试验确定,采用加热养护温度自动控制装置,宜在常温下预养护 2 ~ 6 h,升、降温速度不宜超过 20 ℃/h,最高养护温度不宜超过 70 ℃。预制构件脱模时的表面温度与环境温度的差值不宜超过 25 ℃。

(11)预制构件脱模起吊时的混凝土强度应通过计算确定,且不宜小于 15 MPa。

第六节　成品预制构件

成品预制构件按下列规定进行检验。

(1)外观质量缺陷根据其影响结构性能、安装和使用功能的严重程度,可按表 5-8 规定划分为严重缺陷和一般缺陷。

(2)预制构件出模后应及时对其外观质量进行全数目测检查。对已出现的严重缺陷应制订技术处理方案进行处理并重新检验,对出现的一般缺陷应进行修整并达到合格。

(3)预制构件不应有影响结构性能、安装和使用功能的尺寸偏差。对超过尺寸允许偏差且影响结构性能和安装、使用功能的部位应经原设计单位认可,制订技术处理方案进行处理,并重新检查验收。

(4)预制构件尺寸偏差及预留孔、预留洞、预埋件、预留插筋、键槽的位置和检验方法应符合表 5-9 ~ 表 5-12 的规定。预制构件有粗糙面时,与预制构件粗糙面相关的尺寸允许偏差可放宽 1.5 倍。

表 5-8　构件外观质量缺陷

名称	现象	严重缺陷	一般缺陷
露筋	构件内钢筋未被混凝土包裹而外露	纵向受力筋有露筋	其他钢筋有少量露筋
蜂窝	混凝土表面缺少水泥砂浆而形成石子外露	构件主要受力部位有蜂窝	其他部位有少量蜂窝
孔洞	混凝土中孔穴深度和长度均超过保护层厚度	构件主要受力部位有孔洞	其他部位有少量孔洞
夹渣	混凝土中夹有杂物且深度超过保护层厚度	构件主要受力部位有夹渣	其他部位有少量夹渣
疏松	混凝土中局部不密实	构件主要受力部位有疏松	其他部位有少量疏松
裂缝	裂缝从混凝土表面延伸至混凝土内部	构件主要受力部位有影响结构性能或使用功能的裂缝	其他部位有少量不影响结构性能或使用功能的裂缝
连接部位缺陷	构件连接处混凝土缺陷及连接钢筋、连接件松动,插筋严重锈蚀、弯曲,灌浆套筒堵塞、偏位、灌浆孔洞堵塞、偏位、破损等缺陷	连接部位有影响结构传力性能的缺陷	连接部位有基本不影响结构传力性能的缺陷
外形缺陷	缺棱掉角、棱角不直、翘曲不平、飞边凸肋等,装饰面砖粘接不牢、表面不平、砖缝不顺直等	清水或具有装饰的混凝土构件有影响使用功能或装饰效果的外形缺陷	其他混凝土构件有不影响使用功能的外形缺陷
外表缺陷	构件表面麻面、掉皮、起砂、沾污等	具有重要装饰效果的清水混凝土构件有外表缺陷	其他混凝土构件有不影响使用功能的外表缺陷

表 5-9　预制楼板类构件外形尺寸允许偏差及检验方法

项次	检查项目			允许偏差（mm）	检验方法
1	规格尺寸	长度	<12 m	±5	用尺量两端及中间部位，取其中偏差绝对值较大值
			≥12 m，且<18 m	±10	
			≥18 m	±20	
2		宽度		±5	用尺量两端及中间部位，取其中偏差绝对值较大值
3		厚度		±5	用尺量板四角和四边中部位置共8处，取其中偏差绝对值较大值
4	外形	对角线差		6	在构件表面，用尺量测两对角线的长度，取其绝对值的差值
5		表面平整度	内表面	4	用 2 m 靠尺安放在构件表面，用楔形塞尺量测靠尺与表面之间的最大缝隙
			外表面	3	
6		楼板侧向弯曲		$L/750$，且≤20 mm	拉线，用钢尺量最大弯曲处
7		扭翘		$L/750$	四对角拉两条线，量测两线交点之间的距离，其值的2倍为扭翘值
8	预埋部件	预埋钢板	中心线位置偏差	5	用尺量测纵、横两个方向的中心线位置，取其中较大值
			平面高差	0，−5	用尺紧靠在预埋件上，用楔形塞尺量测预埋件平面与混凝土面的最大缝隙
9		预埋螺栓	中心线位置偏移	2	用尺量测纵、横两个方向的中心线位置，取其中较大值
			外露长度	+10，−5	用尺量
10		预埋线盒、电盒	在构件平面的水平方向中心位置偏差	10	用尺量
			与构件表面混凝土高差	0，−5	用尺量
11	预留孔	中心线位置偏移		5	用尺量测纵、横两个方向的中心线位置，取其中较大值
		孔尺寸		±5	用尺量测纵、横两个方向的尺寸，取其中较大值
12	预留洞	中心线位置偏移		5	用尺量测纵、横两个方向的中心线位置，取其中较大值
		洞口尺寸、深度		±5	用尺量测纵、横两个方向的尺寸，取其中较大值
13	预留插筋	中心线位置偏移		3	用尺量测纵、横两个方向的中心线位置，取其中较大值
		外露长度		±5	用尺量
14	吊环、木砖	中心线位置偏移		10	用尺量测纵、横两个方向的中心线位置，取其中较大值
		留出高度		0，−10	用尺量
15	桁架钢筋高度			+5，0	用尺量

表 5-10　预制墙板类构件外形尺寸允许偏差及检验方法

项次	检查项目			允许偏差（mm）	检验方法
1	规格尺寸	高度		±4	用尺量两端及中间部位,取其中偏差绝对值较大值
2		宽度		±4	用尺量两端及中间部位,取其中偏差绝对值较大值
3		厚度		±3	用尺量板四角和四边中部位置共8处,取其中偏差绝对值较大值
4	外形	对角线差		5	在构件表面,用尺量测两对角线的长度,取其绝对值的差值
5		表面平整度	内表面	4	用2 m靠尺安放在构件表面上,用楔形塞尺量测靠尺与表面之间的最大缝隙
			外表面	3	
6	预埋部件	侧向弯曲		$L/1\,000$,且≤20 mm	拉线,钢尺量最大弯曲处
7		扭翘		$L/1\,000$	四对角拉两条线,量测两线交点之间的距离,其值的2倍为扭翘值
8		预埋钢板	中心线位置偏移	5	用尺量测纵、横两个方向的中心线位置,取其中较大值
			平面高差	0, −5	用尺紧靠在预埋件上,用楔形塞尺量测预埋件平面与混凝土面的最大缝隙
9		预埋螺栓	中心线位置偏移	2	用尺量测纵、横两个方向的中心线位置,取其中较大值
			外露长度	+10, −5	用尺量
10		预埋套筒	中心线位置偏移	2	用尺量测纵、横两个方向的中心线位置,取其中较大值
			平面高差	0, −5	用尺紧靠在预埋件上,用楔形塞尺量测预埋件平面与混凝土面的最大缝隙
11	预留孔	中心线位置偏移		5	用尺量测纵、横两个方向的中心线位置,取其中较大值
		孔尺寸		±5	用尺量测纵、横两个方向尺寸,取其最大值
12	预留洞	中心线位置偏移		5	用尺量测纵、横两个方向的中心线位置,取其中较大值
		洞口尺寸、深度		±5	用尺量纵、横两个方向尺寸,取其最大值
13	预留插筋	中心线位置偏移		3	用尺量测纵、横两个方向的中心线位置,取其中较大值
		外露长度		±5	用尺量
14	吊环、木砖	中心线位置偏移		10	用尺量测纵、横两个方向的中心线位置,取其中较大值
		与构件表面混凝土高差		0, −10	用尺量

续表 5-10

项次		检查项目	允许偏差（mm）	检验方法
15	键槽	中心线位置偏移	5	用尺量测纵、横两个方向的中心线位置，取其中较大值
		长度、宽度	±5	用尺量
		深度	±5	用尺量
16	灌浆套筒及连接钢筋	灌浆套筒中心线位置	2	用尺量测纵、横两个方向的中心线位置，取其中较大值
		连接钢筋中心线位置	2	用尺量测纵、横两个方向的中心线位置，取其中较大值
		连接钢筋外露长度	+10，0	用尺量

表 5-11　预制梁柱桁架类构件外形尺寸允许偏差及检验方法

项次		检查项目		允许偏差（mm）	检验方法
1	规格尺寸	长度	<12 m	±5	用尺量两端及中间部位，取其中偏差绝对值较大值
			≥12 m，且<18 m	±10	
			≥18 m	±20	
2		宽度		±5	用尺量两端及中间部位，取其中偏差绝对值较大值
3		高度		±5	用尺量板四角和四边中部位置共8处，取其中偏差绝对值较大值
4		表面平整度		4	用2 m靠尺安放在构件表面上，用楔形塞尺量测靠尺与表面之间的最大缝隙
5	侧向弯曲		梁柱	$L/750$ 且≤20 mm	拉线，钢尺量最大弯曲处
			桁架	$L/1\,000$ 且≤20 mm	
6	预埋部件	预埋钢板	中心线位置偏移	5	用尺量测纵、横两个方向的中心线位置，取其中较大值
			平面高差	0，−5	用尺紧靠在预埋件上，用楔形塞尺量测预埋件平面与混凝土面的最大缝隙
7		预埋螺栓	中心线位置偏移	2	用尺量测纵、横两个方向的中心线位置，取其中较大值
			外露长度	+10，−5	用尺紧靠在预埋件上，用楔形塞尺量测预埋件平面与混凝土面的最大缝隙

续表 5-11

项次	检查项目		允许偏差（mm）	检验方法
8	预留孔	中心线位置偏移	5	用尺量测纵、横两个方向的中心线位置，取其中较大值
		孔尺寸	±5	用尺量测纵、横两个方向尺寸，取其中最大值
9	预留洞	中心线位置偏移	3	用尺量测纵、横两个方向的中心线位置，取其中较大值
		洞口尺寸、深度	±5	用尺量测纵、横两个方向尺寸，取其中最大值
10	预留插筋	中心线位置偏移	10	用尺量测纵、横两个方向的中心线位置，取其中较大值
		外露长度	±5	用尺量
11	吊环	中心线位置偏移	10	用尺量测纵、横两个方向的中心线位置，取其中较大值
		留出高度	0，−10	用尺量
12	键槽	中心线位置偏移	5	用尺量测纵、横两个方向的中心线位置，取其中较大值
		长度、宽度	±5	用尺量
		深度	±5	用尺量
13	灌浆套筒及连接钢筋	灌浆套筒中心线位置	2	用尺量测纵、横两个方向的中心线位置，取其中较大值
		连接钢筋中心线位置	2	用尺量测纵、横两个方向的中心线位置，取其中较大值
		连接钢筋外露长度	+10，0	用尺量

表 5-12　装饰构件外观尺寸允许偏差及检验方法

项次	装饰种类	检查项目	允许偏差（mm）	检验方法
1	通用	表面平整度	2	2 m 靠尺或塞尺检查
2		阳角方正	2	用托线板检查
3		上口平直	2	拉通线用钢尺检查
4	面砖、石材	接缝平直	3	用钢尺或塞尺检查
5		接缝深度	±5	用钢尺或塞尺检查
6		接缝宽度	±2	用钢尺检查

（5）预埋件、插筋、预留孔的规格、数量应满足设计要求。

检查数量：全数检验。

检验方法：观察和量测。

（6）预制构件的粗糙面或键槽成型质量应满足设计要求。

检查数量：全数检验。

检验方法：观察和量测。

（7）面砖与混凝土的黏结强度应符合现行行业标准《建筑工程饰面砖粘结强度检验标准》（JGJ/T 110）和《外墙饰面砖工程施工及验收规程》（JGJ 126）的有关规定。

检查数量：按同一工程、同一工艺的预制构件分批抽样检验。

检验方法：检查试验报告单。

（8）预制构件采用钢筋套筒连接时，在构件生产前应检查套筒型式检验报告是否合格，进行钢筋套筒灌浆连接接头的抗拉强度试验，并应符合现行行业标准《钢筋套筒灌浆连接应用技术规程》（JGJ 355）的有关规定。

检查数量：按同一工程、同一工艺的预制构件分批抽样检验。同一批号、同一类型、同一规格的灌浆套筒，不超过1 000个为一批，每批随机抽取3个灌浆套筒制作对中连接接头试件。

检验方法：检查试验报告单、质量证明文件。

（9）夹芯外墙板的内外叶墙板之间的连接件类别、数量、使用位置及性能应符合设计要求。

检查数量：按同一工程、同一工艺的预制构件分批抽样检验。

检验方法：检查试验报告单、质量证明文件及隐蔽工程检查记录。

（10）夹芯保温外墙板用的保温材料类别、厚度、位置及性能应满足设计要求。

检查数量：按批检验。

检验方法：观察、量测，检查保温材料质量证明文件及检验报告。

（11）混凝土强度应符合设计文件的国家现行有关标准的规定。

检查数量：按构件生产批次在混凝土浇筑地点随机抽取标准养护试件，取样频率应符合本标准规定。

检验方法：应符合现行国家标准《混凝土强度检验评定标准》（GB/T 50107）的有关规定。

第七节　构件一般缺陷修复

对于表5-8中出现的质量缺陷，主要采用以下处理方法：

（1）针对外观质量存在严重缺陷的构件，直接判定为不合格品，不进行修复，不允许出厂使用。

（2）针对外观质量有影响美观、轻微掉角、裂纹等一般缺陷的构件，应采取以下方式进行修补：

①对于掉角、碰损缺陷，应用锤子和凿子凿去松动部分，用清水将基面冲洗干净，再用专用修补砂浆修补，对于有特殊要求的部位，可用细砂纸打磨。对于大面积掉角，需分2~3次修补，不得一次修补完成，修补时，需要支模，以确保修补部位与完好处平面保持水平。

②对于构件表面气泡缺陷,用水泥及其他配料调制成与构件颜色相同的修补料进行修补,并保证修补后的外观美观。

③对于构件裂缝缺陷,修补前需除去表面的浮灰、浮浆、返碱和污垢等,然后用专用修补砂浆进行处理。

习 题

一、填空题

1. 预制构件生产的质量检验应按_____、_____、_____、_____、_____等检验进行。

2. 用作底模的台座、脱模、地坪及铺设的底板等应平整光洁,不得有_____、_____、_____和_____等质量通病。

3. _____应进行钢筋、预应力的隐蔽工程检查。

4. 预制构件生产时应采取措施避免出现外观质量缺陷,外观质量缺陷根据其影响结构性能、安装和使用功能的严重程度划分为_____和_____。

5. 预制构件的养护应根据预制构件特点和生产任务量选择_____、_____或_____。

6. 预制构件脱模时的表面温度与环境温度的差值不宜超过____℃。

7. 预制构件脱模起吊时的混凝土强度不宜小于____MPa。

8. 采用应力控制方法张拉时,应校核最大张拉力下预应力筋_____。实测伸长值与计算伸长值的偏差应控制在____之内。

二、单项选择题

1. 预制构件出厂时的混凝土强度不宜低于设计混凝土强度等级值的( )。
　A. 70%　　　　　　B. 75%　　　　　　C. 80%　　　　　　D. 85%

2. 带保温材料的预制构件宜采用( )浇筑方式成型。
　A. 水平　　　　　　B. 垂直　　　　　　C. 分层　　　　　　D. 分段

3. 预制构件表面平整度的检验方法宜采用( )检查。
　A. 钢尺　　　　　　B. 托线板　　　　　C. 靠尺或塞尺　　　D. 拉线

4. 预制梁柱构件在做外观质量验收时发现其混凝土表面缺少水泥砂浆而形成石子外露的现象,这属于下列哪种质量缺陷?( )
　A. 裂缝　　　　　　B. 露筋　　　　　　C. 孔洞　　　　　　D. 蜂窝

5. 采用应力控制方法张拉时,应校核最大张拉力下预应力筋伸长值。实测伸长值与计算伸长值的偏差应控制在( )之内,否则应查明原因并采取措施后再张拉。
　A. 2%　　　　　　 B. 4%　　　　　　 C. 6%　　　　　　 D. 8%

三、简述题

1. 浇筑混凝土前应进行钢筋、预应力的隐蔽工程检查,简述隐蔽工程检查项目。

2. 简述混凝土进行抗压强度检验的要求。

3. 简述预应力筋的下料规定。

4. 混凝土进行浇筑时应符合哪些规定?

5. 混凝土振捣时应符合哪些规定?

6.预制构件所使用的模具应满足哪些规定?

7.预制构件内所使用的钢筋在检查时应注意哪些事项?

四、思考题

根据图 5-1 所示构件,结合本章节相关内容,判定该预制构件存在的质量缺陷及处理方法。

图 5-1

第六章 构件存放及运输

1.了解预制构件转运、存放以及运输的流程和基本原则。

2.熟悉预制构件的运输与存放过程中的运输方式和基本要求。

3.掌握预制构件合理运输距离的分析方法。

预制构件通常在工厂内预制完成,然后存放至堆场或运输至施工现场安装。若存放及运输环节构件发生损坏将对工期和成本造成不良影响,因此合理存放构件并安全保质地运输到施工现场是一道至关重要的环节。

第一节 预制构件厂内转运

预制构件厂内转运是指预制构件从生产车间运至堆场存放的过程。

一、基本要求

(1)运输道路必须平整坚实,并有足够的宽度和转弯半径。

(2)设计无要求时,运输时一般构件混凝土强度不应低于设计强度的70%,屋架和薄壁构件应达到设计强度的100%。

(3)预制构件的支点和装卸车时的吊点,无论运输或卸车堆放,都应按设计要求确定。运输或存放的构件下部均应放置垫木,每层垫木应在同一条垂直线上,且厚度相等。

(4)构件在运输时必须有固定措施,以防在运输途中倾倒,或在道路转弯时被甩出。对于重心较高、支承面较窄的构件,应用支架固定。

(5)根据路面情况掌握行车速度,道路转弯处必须降低车速。

(6)根据构件质量、尺寸和类型,选择合适的运输车辆和装卸机械。

(7)对于不容易调头以及自重较大的长构件,应根据其安装方向确定装车方向,以利于卸车就位。

(8)构件进场应按构件吊装平面布置图所示位置堆放,避免二次倒运。

二、工作流程

构件厂内转运工作流程:运输方法选择→配备机具、运输车辆→清点需转运构件并检查→填写构件转运记录单→转运→堆场存放→构件转运记录单存档。

(一)运输方法选择

考虑铺筑轨道连接车间和堆场,利用轨道小车实现车间与堆场之间的转运。如没有条件铺筑轨道,可根据构件的形状、质量、车间布置,装卸车现场及运输道路的情况,选择平板车(见图6-1)、叉车(见图6-2)、大型运输车等作为运输工具,确保与实际情况相符。

图 6-1　平板车转运构件　　　　　　图 6-2　叉车转运构件

(二)配备机具、运输车辆

需要配备的机具主要有桁车、龙门吊、汽车吊、钢丝绳、鸭嘴扣及卡环等,根据现场构件及环境的实际情况选择合适的运输车辆。

(三)清点需转运构件并检查构件质量

根据生产日报清点需转运构件,检查构件质量,并详细记录在册。

第二节　预制构件存放

装配式建筑施工中,预制构件品种多,数量大,无论在生产车间还是施工现场均占用较大场地面积,因此合理有序地对构件进行分类堆放,对于减少构件堆场使用面积,加强成品保护,加快施工进度,构建文明施工环境均具有重要意义。预制构件的堆放方式应按规范要求,以确保预制构件存放过程中不受破坏。

一、场地要求

(1)预制构件的存放场地宜为混凝土硬化地面或经人工处理的地坪,除应满足平整度和承载力要求,还应有排水措施。

(2)预制构件堆放时应使构件与地面之间留有一定空隙,避免与地面直接接触,构件须搁置于方木或软性材料上(如塑料垫片),构件堆放的支垫除应坚实牢靠,还应有防止构件污染的措施。

(3)预制构件堆放场地应在吊装设备有效起重范围内,尽量避免二次转运。场地大小应根据产能、构件数量、尺寸及安装计划综合确定。

(4)预制构件应按规格型号、出厂日期、使用部位、吊装顺序分类存放,编号清晰。不同类型构件之间应留有不少于0.7 m的人行通道。

(5)预制构件存放区域2 m范围内不应进行电焊、气焊作业,以免污染。露天堆放时,预制构件的预埋铁件应有防锈措施。预制构件易积水的预留、预埋孔洞等处应采取封堵措施。

(6)预制构件应采用合理的防潮、防雨、防边角损伤措施,堆放边角处应设置明显的警示隔离标识,防止车辆或机械设备碰撞。

二、堆放方式

构件堆放方式主要有平放和立(竖)放两种,应根据构件的刚度及受力情况选择。通常情况下,梁、柱等细长构件宜水平堆放,且不少于两条垫木支撑;墙板宜采用托架立放,其上部两点支撑;叠合楼板、楼梯、阳台板等构件宜水平叠放,叠放层数应根据构件与垫木或垫块的承载力及堆垛的稳定性确定,必要时应设置防止构件倾覆的支架,一般情况下,叠放层数不宜超过6层,如受场地条件限制,增加堆放层数时须先进行承载力验算。

(一)平放时的注意事项

(1)对于宽度不大于 500 mm 的构件,宜采用通长垫木,宽度大于 500 mm 的构件,可采用不通长垫木。

(2)垫木必须放置在同一条竖直线上。

(3)构件平放时应使吊环向上,标识向外,便于查找及吊运。

(二)竖放时的注意事项

(1)竖放可分为插放和靠放两种方式。插放时场地必须清理干净,插放架必须牢固,垂直落地;靠放时应有牢固的靠放架,必须对称靠放和吊运,其倾斜度应保持大于80°,构件上部用垫块隔开。

(2)构件的断面高宽比大于 2.5 时,堆放时下部应加支撑或有坚固的堆放架,上部应拉牢,避免倾倒。

(3)堆放场地应设置为粗糙面,以防止脚手架滑动。

(4)柱和梁等立体构件要根据各自的形状和配筋选择合适的储存方法。

三、构件堆放示例

(一)预制墙板堆放

墙板垂直立放时,宜采用专用 A 字架形式插放(见图 6-3)或对称靠放(见图 6-4),长期靠放时必须加安全塑料带捆绑或钢索固定,支架应有足够的刚度、强度及稳定性。预制外挂墙板外饰面朝外,墙板宜用枕木或柔性垫片将刚性支架隔开,避免直接接触碰坏墙板。

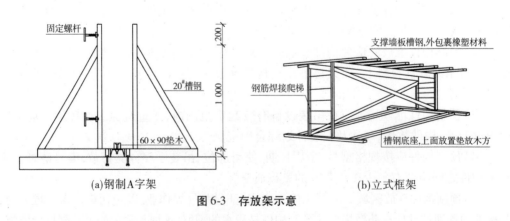

图 6-3　存放架示意

图 6-4 预制墙板堆放示意

（二）预制梁、柱构件堆放

预制梁、柱等细长构件宜水平堆放（见图 6-5），预埋吊装孔表面朝上，高度不宜超过 2 层，且不宜超过 2.0 m。实心梁、柱需在两端 $(0.2 \sim 0.25)L$（构件长度 L）间垫上枕木，底部支撑高度不小于 100 mm，若为叠合梁，则须将枕木垫于实心处，不可让薄壁部位受力。

图 6-5 预制梁、柱构件堆放示意

（三）预制板类构件堆放

预制板类构件可采用叠放方式存放，其叠放层数应按构件强度、地面承载力、垫木强度以及垛堆的稳定性而确定，构件层与层之间应垫平、垫实，各层支垫应上下对齐，最下面一层支垫应通长设置，一般情况下，叠放层数不宜大于 6 层，吊环向上，标志向外。预制叠合板堆放示意如图 6-6 所示。

图 6-6 预制叠合板堆放示意

(四)预制楼梯或阳台堆放

楼梯或异型构件若需叠层存放,必须考虑支撑稳固性,且高度不宜过高,必要时应设置堆置架以确保堆置安全(见图6-7)。

图6-7　预制楼梯堆放示意

第三节　预制构件厂外运输

一、合理运距

合理运距的测算主要是以运输费用占构件销售单价的比例为参考的。通过对运输成本和预制构件销售价格进行对比,可以较准确地测算出运输成本占比与运输距离的关系,也可根据国内平均或者世界上发达国家占比情况反推合理运距。从预制构件生产企业布局的角度来讲,合理运输距离与运输路线相关,而运输路线往往不是直线,运输距离还不能直观地反映布局情况,故提出了合理运输半径的概念。

合理运输半径测算:根据预制构件运输经验,实际运输距离平均值较直线距离增加20%左右,故将构件合理运输半径确定为合理运输距离的约80%。例如:若合理运输半径为100 km,以项目建设地点为中心,以100 km为半径的区域内的生产企业,其运输距离基本可以控制在120 km以内,从经济性和节能环保的角度看,处于合理范围。

总的来说,如今国内的预制构件运输与物流的实际情况仍有很多有待提升的地方。目前,虽然有个别企业在积极研发预制构件的运输设备,但总体来看还处于发展初期,标准化程度低,存放和运输方式还较为落后。同时受道路路况、国家运输政策及市场环境的限制和影响,运输效率不高,构件专用运输车数量紧缺且价格较高。

二、合理运输距离分析

某预制构件企业可行性研究阶段为确定投资规模,须对预制构件合理运输距离进行分析(见表6-1)。

表 6-1　某地区预制构件合理运输距离分析表

项目	近运距	中距离	较远距离	远距离	超远距离
运输距离(km)	30	60	90	120	150
运费(元/车)	1 100	1 500	1 900	2 300	2 650
运费(元/(车·km))	36.7	25.0	21.1	19.2	17.7
平均运量(m³/车)	9.5	9.5	9.5	9.5	9.5
平均运费(元/m³)	116	158	200	242	252
水平预制构件市场价格(元/m³)	3 000	3 000	3 000	3 000	3 000
水平运费占构件销售价格的比例(%)	3.87	5.27	6.67	8.07	8.40

在预制构件合理运输距离分析表中,运费参考了某预制构件企业近几年的实际运费水平。预制构件每立方米综合单价以平均 3 000 元计算(水平构件较为便宜,为 2 400 ~ 2 700 元;外墙、阳台板等复杂构件为 3 000 ~ 3 400 元)。以运费占销售额 8% 估计的合理运输距离约为 120 km。

三、准备工作

构件运输的准备工作主要包括:制订运输方案、设计并制作运输架、验算构件强度、清查构件及查看运输路线。

(1)制订运输方案。此环节需要根据运输构件实际情况,装卸车现场、运输成本及线路的情况,最终选定运输方法、起重机械、运输车辆和运输路线。

(2)设计并制作运输架。运输架的设计制作应根据构件的质量和外形尺寸确定,并考虑运输架的通用性。

(3)验算构件强度。预制构件应根据运输方案所确定的条件,验算在最不利截面处的抗裂性能,避免在运输中出现裂缝。

(4)清查构件。清查构件的型号、核算质量和数量、合格印和出厂合格证书等。

(5)查看运输路线。在运输前需对路线进行现场踏勘,对于沿途可能经过的桥梁、桥洞、电缆、车道的承载能力、通行高度、宽度、弯度和坡度,沿途上空有无障碍物等实地考察并记载,制定出最佳、顺畅的路线。

四、装车基本要求

(1)凡需现场拼装的构件应尽量将构件成套装车或按安装顺序装车运至现场。

(2)构件起吊时应拆除与相邻构件的连接,并将相邻构件支撑牢固。

(3)对大型构件,宜采用龙门吊或桁车吊运。当构件采用龙门吊装车时,起吊前吊装工须检查吊钩是否挂好,构件中螺丝是否拆除等,避免影响构件的起吊安全。

(4)构件从成品堆放区吊出前,应根据设计要求或强度验算结果,在运输车辆上支设好运输架。

(5)外墙板采用竖直立放运输为宜,支架应与车身连接牢固,墙板饰面层应朝外,构件与支架应连接牢固。

（6）楼梯、阳台、预制楼板、短柱、预制梁等小型构件以水平运输为主,装车时支点搁置要正确,位置和数量应按设计要求进行。

（7）构件起吊运输或卸车堆放时,吊点的设置和起吊方法应按设计要求和施工方案确定。

（8）运输构件的搁置点:一般等截面构件在长度 1/5 处,板的搁置点在距端部 200 ~ 300 mm 处。其他构件视受力情况确定,搁置点宜靠近节点处。

（9）构件装车时应轻吊轻落、左右对称放置在车上,保持车上荷载分布均匀;卸车时按后装先卸的顺序进行,保持车身和构件稳定。构件装车编排应尽量将质量大的构件放在运输车辆前端或中央部位,质量小的构件则放在运输车辆的两侧。应尽量降低构件重心,确保运输车辆平稳,行驶安全。

（10）采用叠放方式运输时,构件之间应放有垫木,并在同一条垂直线上,且厚度相等。有吊环的构件叠放时,垫木的厚度应高于吊环的高度,且支点的垫木应上下对齐,并应与车身绑扎牢固。

（11）构件与车身、构件与构件之间应设有毛毡、板条、草袋等隔离体,避免运输时构件滑动、碰撞。

（12）预制构件固定在装车架上以后,需用专用帆布带、夹具或斜撑夹紧固定。

（13）构件抗弯能力较差时,应设抗弯拉索,拉索和捆扎点应计算确定。

五、构件运输方式

（一）预制构件运输方式

1. 立式运输

在低盘平板车上根据专用运输架情况,墙板对称靠放或者插放在运输架上。适用于内、外墙板和 PCF 板等竖向构件。

二维码 6-1
构件卸车

2. 平层叠放运输

将预制构件平放在运输车上,叠放在一起进行运输。适用于立放有危险,且叠放容易堆码整齐的构件(阳台板、楼梯等)。

3. 多层叠放运输

平层叠放标准为 6 层/叠,不影响质量安全时可到 8 层,堆码时按产品的尺寸大小堆叠。预应力板:堆码 8 ~ 10 层/叠;叠合梁:2 ~ 3 层/叠(最上层的高度不能超过挡边一层),考虑是否有加强筋向梁下端弯曲。适用于构件质量不大、面积不大的构件(叠合板、装饰板等)。

除此之外,对于一些小型构件和异型构件,多采用散装方式进行运输。

（二）预制墙板运输

装车时,先将车厢上的杂物清理干净,然后根据所需运输构件的情况,往车上配备人字形堆放架,堆放架底端应加设黑胶垫,构件吊运时应注意不能打弯外伸钢筋。装车时应先装车头部位的堆放架,再装车尾部位的堆放架,堆放架布置成人字形两侧对称,每架可叠放 2 ~ 4 块,墙板与墙板之间须用泡沫板隔离,以防墙板在运输途中因震动而受损(见图 6-8)。

（三）预制叠合板运输

（1）同条件养护的叠合板混凝土立方体抗压强度达到设计要求时,方可脱模、吊装、运输及堆放。

（2）叠合板吊装时应慢起慢落,避免与其他物体相撞。应保证起重设备的吊钩位置、吊

图 6-8　预制墙板运输示意

具及构件重心在垂直方向上重合,吊索与构件水平夹角不宜小于 60°,不应小于 45°。当采用六点吊装时,应采用专用吊具,吊具应具有足够的承载能力和刚度。

(3)预制叠合板采用叠层平放的运输方式(见图 6-9),叠合板之间应用垫木隔离,垫木应上下对齐,垫木尺寸(长、宽、高)不宜小于 100 mm。

(4)叠合板两端(至板端 200 mm)及跨中位置均设置垫木且间距不大于 1.6 m。

(5)叠合板不同板号应分别码放,码放高度不宜大于 6 层。

(6)叠合板支点处绑扎牢固,防止构件移动或跳动,底板边部或与绳索接触处的混凝土,采用衬垫加以保护。

(四)预制楼梯运输

(1)预制楼梯采用叠合平放方式运输(见图 6-10),预制楼梯之间用垫木隔离,垫木应上下对齐,垫木尺寸(长、宽、高)不宜小于 100 mm,最下面一根垫木应通长设置。

图 6-9　预制叠合板运输示意

图 6-10　预制楼梯运输示意

(2)不同型号的预制楼梯应分别码放,码放高度不宜超过 5 层。

(3)预制楼梯间绑扎牢固,防止构件移动,楼梯边部或与绳索接触处的混凝土,采用衬垫加以保护。

（五）预制阳台板运输

（1）预制阳台板运输时，底部采用木方作为支撑物，支撑应牢固，不得松动。

（2）预制阳台板封边高度为 800 mm、1 200 mm 时，宜采用单层放置。

（3）预制阳台板运输时，应采取防止构件损坏的措施，防止构件移动、倾倒、变形等。

第四节　工程案例

一、工程简介

（一）背景介绍

本工程采用预制装配结构进行施工，地下室和主体楼 1~2 层采用现浇结构进行施工，3~18 层采用预制剪力墙结构进行施工。其每层预制外剪力墙 20 块、预制内剪力墙 18 块、PCF 转角板 6 块、叠合板 22 块、空调板 10 块以及预制楼梯 2 个，最重预制墙板为轴线 2、3、4、6、7 交轴线 A、B 上的内墙板，质量为 7.8 t，规格尺寸 5 350 mm×2 820 mm×200 mm，连接部位及叠合板上部为现浇。

预制构件厂距工程位置约 15 km，沿线路况良好，车辆稀少，运输无拥挤，预制构件运输到达项目部约 0.5 h 车程。预制构件运输线路如图 6-11 所示。

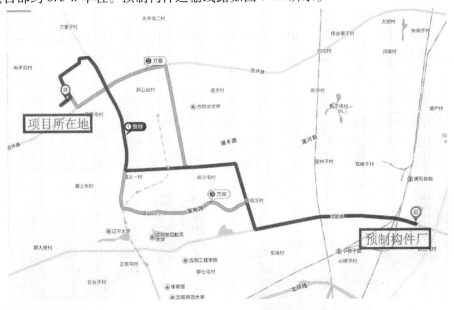

图 6-11　预制构件运输线路

（二）主要构件数量

预制构件数量见表 6-2。

表 6-2　预制构件数量

构件名称	楼预制构件用量	数量(m³)
预制外墙板(含保温)	20 块×16 层×15 栋＝4 800 块	49 518
200 厚预制钢筋混凝土内墙	18 块×16 层×15 栋＝4 320 块	10 409.28
PCF 转角板	6 块×16 层×15 栋＝1 440 块	568.96
预制叠合楼板	22 块×16 层×15 栋＝5 280 块	4 628.4
预制空调板	10 块×16 层×15 栋＝2 400 块	179.2
预制楼梯	2 块×16 层×15 栋＝480 块	327.04

二、重点难点分析及应对措施

(一)重点难点分析

本工程预制构件自重大、体积大,最大的剪力墙尺寸为 5 350 mm×2 820 mm×200 mm 质量约为 7.8 t,在运输过程中容易损坏。为保证预制构件运输过程中不被损坏,质量合格, 运输时应采用相匹配的载重汽车和专用运输支架,且采取防止构件移动或倾倒的固定措施, 对构件边角部或链索接触处混凝土,宜采用垫衬加以保护。楼梯、PCF 板等构件在运输过程 中应水平放置,保证各层间木方竖向投影重合;车辆启动应慢,车速应匀,转弯错车时要减 速,并且应留意稳定构件措施的状态。

(二)应对措施

(1)合理确定临时存放位置、数量以及对成品的保护措施是重点。

(2)本工程构件运输车辆最长达到 19 m,普通道路转弯困难,现场施工道路须提供更加 宽松的转弯空间,确保运输顺畅。

三、现场平面布置

(一)现场道路规划

本工程构件运输车辆具有超长、超重、到场数量多的特点,且为了避免二次吊运增加施 工成本,构件到场后就在车辆上起吊至施工作业平台。道路应沿着楼栋进行布置,且宽度应 大于两个车身宽。所以,在本工程中设计道路宽度为 8 m,最小转弯半径为 28 m,路面做法 为 500 mm 厚山皮石压实,面层为 200 mm 厚 C30 混凝土。

(二)预制构件堆放场地

本工程工期紧,对构件的及时供应有很高的要求。若构件不能及时到场会造成施工停 滞,直接影响工期。在预制构件生产、运输过程中存在许多不可预见性因素,因此现场应保 持一定数量的预制构件,将把对现场施工进度的影响降到最低。

堆放场地选取的位置应在塔吊密集覆盖区域内,且离楼栋、道路较近的地方,本工程的 构件存放位置如图 6-12 所示。

装配式施工对预制构件依赖性强,拼装过程必须要保证其连续性,因此为满足现场的拼 装施工进度需求,现场设置了 7 块预制构件存放地,每块场地大小为 6 m×15 m,下部采用

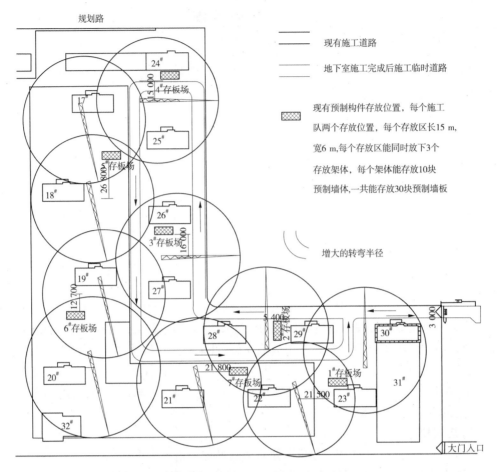

图 6-12　现场道路循环、堆场及塔吊平面布置示意图

300 mm 厚山皮石回填,面层用 150 mm 厚 C30 混凝土进行硬化,平整度控制在 ±10 mm 以内,防止因地面不平整导致存放墙板倒塌。每个堆场放置 3 个钢架,可一次性存放 30 块内的外墙板,其他较小的预制构件,如楼梯转角板等可紧靠着外墙板堆放在平整好的地面上。

(三)施工现场平面布置

(1)塔吊选用 QTZ 型 315 tm(S315K16)10 台,臂长组成为 45 m 和 50 m,最大起重量 16 t,45 m 处起重量为 8 t。加强标准节采用双塔身结构以满足现场预制构件的拼装施工。

(2)现场道路循环路线:从大门进入经 30#、29#、28# 楼正面,27#、26#、25# 楼侧面,在 25# 楼绕半圈经 25#、26#、27# 楼另一侧返回,从 28#、29# 背面经 23# 楼正面,最后出大门口。

四、预制构件的运输

(一)运输车辆及运输架

根据现场施工进度要求,在不影响施工进度的情况下,标准层运输量:墙板 7 车,叠合板 1 车,小件 2 车,共计 10 车,本工程总共 14 栋楼,按 5 d 一个拼装周期(3 d 拼装 +2 d 其他工种施工)计算,每天预制构件运输车次达到 28 次,每辆运输车能保证两次运输量的情况下,每天预制构件运输车辆需求量在 14 辆以上,预制构件运输车辆参数及配置见表 6-3。

表6-3　车辆配置表

车辆型号	载重 （kg）	整车尺寸 （长×宽×高） （m×m×m）	车辆数量	运输架数量	单次最大 运输量（块）
解放 CA4163P7K2	30 000	16×3×3	3	2	6
华骏 ZCZ9402	30 000	19×3×3	2	2	6
欧曼 BJ4208SLFJB−2	30 015	19×3×3	3	2	6
解放 CA4203P7K1T3	31 000	16×3×3	4	2	6
神行 YGB9402	31 750	19×3×3	2	2	6

（二）预制构件装车工具配置

在预制构件厂内,分为东西两块存板场地,东场地存放预制叠合板和楼梯,西场地存放预制墙板。针对构件出厂前的修补及装车,需要配置不同的修补、转运及吊运工具。预制构件出厂前的存放如图6-13所示,装车工具配置见表6-4。

图6-13　预制构件出厂前的存放

表6-4　装车工具配置

序号	设备、工具	数量	工作内容
1	龙门吊	4	白、夜班车间墙板外转、装车、发货
2	汽车吊	2	东、西场地各1个,东场地装叠合板和楼梯,西场地装平铺墙板
3	喷号牌	2	东、西场地各1套
4	修补工具	4	4辆车同时装车,每车1套
5	叉车	1	装叠合板、楼梯、空调板和PCF板
6	吊具	5	除叠合板吊车外,每台吊车1套
7	电动锯	1	切割木方

龙门吊如图6-14所示。

图6-14　龙门吊

（三）成品检验及安全运输

（1）配置专职质检员进行出厂前成品检验，保证每一块出厂产品合格。

（2）发货前对厂内人员及驾驶员进行"一项一规"安全培训。

（3）执行车辆"三检"制度（即出车前、行车中、入库后对车辆按方位、部件、要点进行安全检查）。

（4）发货车辆在厂区作业时要按照厂区内车辆管理规定行驶。

（5）车辆应车容整洁、车身周正，随车工具、安全防护装置及附件等应齐全有效。

（四）运输路线及安全保障

从预制厂到达本工程施工现场的主要道路有三条，根据道路长度、弯道情况、车流量等情况综合比较后选择最优运输线路（见图6-11）。

（1）重车速度最高不得超过40 km/h，转弯和经过十字、丁字路口时限速10 km/h；雨雪及大雾天气空车、重车均限速20 km/h，转弯和经过十字、丁字路口时限速5 km/h。

（2）夜间无路灯路段、无交通信号的路口，减速慢行，注意瞭望，限速25 km/h。

（3）途径危险路段（铁道路口、桥洞、交叉路口、弯道、陡坡、隧道、立交桥转弯处、市区及人流量大的地方）按最高速度减低10～20 km/h。

（4）预制墙板运输过程中，车上应设有专用架，且用钢绳拉结预制构件（见图6-15）；叠合板、楼梯运输时，用木方间隔，且木方必须做到上下同心，途中转弯及路面不平整路段须留意构件稳定状态。

五、预制构件的存放与卸车

（一）预制构件的存放

1. 墙板存放

墙板采用立放专用存放架，墙板宽度小于4 m时内叶墙下部垫2块100 mm×100 mm×250 mm的木方，两端距墙边300 mm处各放一块木方（见图6-16），墙板宽度大于4 m或带门口时内叶墙下部垫3块100 mm×100 mm×250 mm的木方，两端距墙边300 mm处、墙体重心位置处共放3块木方（见图6-17）。两侧木方距内叶墙两侧边缘300 mm处或位于边缘构件中心处，中间木方位于墙板重心处。两块墙板之间用4块100 mm×100 mm×50 mm的

图 6-15 墙板运输钢绳固定措施

木方间隔开,最外侧两块墙板用钢绳与架体拉结固定。现场预制墙板存放如图 6-18 所示。

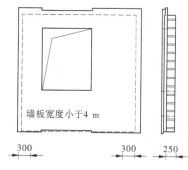

图 6-16 墙板宽度小于 4 m 时木方位置

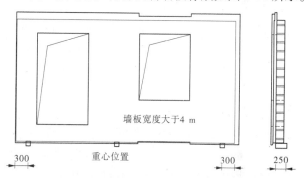

图 6-17 墙板宽度大于 4 m 时木方位置

图 6-18 现场预制墙板存放

2. 叠合板的存放

叠合板应在指定的存放区域存放,存放区域地面应保证平整(见图 6-19)。叠合板需分型号码放,水平放置,层间用 6 块 100 mm×100 mm×300 mm 木方隔开,四角的 4 个木方位于吊环位置或距两边 500 mm 左右,中间 2 个木方靠内侧摆放,木方铺设方向应垂直桁架,保证各层间木方竖向投影重合,存放层数不超过 6 层且高度不大于 1.5 m。

3. 楼梯的存放

(1)楼梯应存放在指定区域,存放区域地面应保证平整,分型号码放(见图 6-20)。

图 6-19 叠合板的存放

图 6-20 楼梯的存放

(2)折跑梯左右两端第二个、第三个踏步位置应垫 4 块 100 mm × 100 mm × 500 mm 木方,距离前后两侧为 250 mm。保证各层间木方竖向投影重合,存放层数不超过 6 层。

4. PCF 板的存放

L 型 PCF 板存放区域地面应保证水平。PCF 板应分型号码放,水平并排放置,第一层下部垫 2 条 40 mm × 70 mm 通长木方,并在上方用 2 条 100 mm × 100 mm 长木方隔开,木方长度为跨度 +100 mm,木方距两侧边缘 500 mm 左右。保证各层间木方竖向投影重合,存放层数不超过 2 层(见图 6-21)。

5. 空调板的存放

空调板存放区域地面应保证平整。空调板应分型号码放,水平放置,层间用 2 块 40 mm × 70 mm × 500 mm 木方隔开,木方距两侧边缘 250 mm 左右(见图 6-22)。保证各层间木方竖向投影重合,存放层数不超过 10 层。

图 6-21 PCF 板的存放

图 6-22 空调板的存放

(二)预制构件的卸车

(1)卸车前需检查墙板专用横梁等吊具是否存在缺陷、开裂、腐蚀严重等问题,且需检查墙板预埋吊点是否存在问题。

(2)现场卸车时应认真检查吊具与墙板预埋吊点是否扣牢,确认无误后方可缓慢起吊。

(3)起吊过程中保证墙板竖直起吊,防止预制构件起吊时单点起吊引起构件变形破坏。

习　题

一、填空题

1. 预制一般构件运输时的混凝土强度应不低于设计强度等级的_____，屋架和薄壁构件应达到_____。

2. 预制构件存放区域_____ m 范围内不应进行电焊、气焊作业，以免污染产品。

3. 构件叠放时，叠放层数应根据构件与垫木的承载力及堆垛的稳定性确定，一般情况下，叠放层数不宜超过_____层。

4. 预制构件立放可分为_____和_____两种方式，必须对称靠放和吊运，其倾斜度应保持大于_____，构件上部用垫块隔开。

5. 预制叠合板采用叠层平放的方式运输时，叠合板之间用_____隔离。

6. 预制墙板运输时，墙板与墙板之间须用_____隔离，以防墙板在运输途中因震动而受损。

7. 预制叠合板起吊时，吊索与构件水平夹角不宜小于_____，不应小于_____。

二、选择题

1. 构件平层叠放标准为(　　)层/叠，不影响质量安全可到(　　)层。
   A.5　　　　　　B.6　　　　　　C.7　　　　　　D.8

2. 预制构件应分类存放，不同类型构件之间应留有不少于(　　)m 的人行通道。
   A.0.5　　　　　B.0.7　　　　　C.1　　　　　　D.2

3. 对于宽度不大于(　　)mm 的构件，宜采用通长垫木。
   A.500　　　　　B.1 000　　　　C.1 500　　　　D.2 000

4. 预制构件的断面高宽比大于(　　)时，堆放时下部应加支撑或有竖固的堆放架。
   A.1.5　　　　　B.2　　　　　　C.2.5　　　　　D.3

5. 合理运输距离与运输(　　)相关。
   A.半径　　　　　B.线路　　　　　C.时间　　　　　D.地点

6. 合理运输半径研究为合理运输距离的(　　)较为合理。
   A.60%　　　　　B.70%　　　　　C.80%　　　　　D.90%

7. 预制梁、柱等细长构件宜水平堆放，预埋吊装孔表面朝上，高度不宜超过(　　)层，且不宜超过(　　)m。
   A.2,1.5　　　　B.2,2　　　　　C.3,2　　　　　D.3,3

三、简述题

1. 预制构件的堆放方式有几种？各自的堆放要求是什么？
2. 简述预制构件厂内转运的工作流程。
3. 简述预制构件的运输方式，试举例说明。
4. 预制构件运输的准备工作有哪些？

第七章　预制构件生产信息化管理

1. 了解预制构件生产管理的信息系统,并熟悉预制构件生产数字化管理系统的构成要件及集成模块。

2. 通过阐述 ERP(Enterprise Resource Planning,企业资源计划)、BIM(Building Information Modeling,建筑信息模型)和 RFID(Radio Frequency Identification,无线射频识别)等技术在装配式建筑项目中的应用,同时结合建筑工业化与信息化管理平台的有机融合,实现预制构件从设计、生产、物流、运维环节的全流程信息化管理。

　　装配式建筑将预制构件生产与安装分离,使得工厂化的生产与管理方式在预制构件生产中得以运用。工厂信息化管理的精髓是信息技术的集成,其核心要素是数据平台的建设和数据的深度挖掘。基于信息管理系统将设计、采购、生产、物流、施工、资金、运营、管理等各环节集成起来,共享信息与资源,同时利用现代技术手段寻找潜在客户,从而有效地支撑企业的决策系统,以达到降低库存、提高生产效能和质量、快速应变的目的,增强企业的市场竞争力。

第一节　生产管理系统

二维码 7-1
中建科技
数字化工厂

　　生产管理系统设在预制构件生产车间多台电脑及移动终端上,通过有线或无线网络互相连接,实现装配式建筑中的设计、生产、物流、施工、运维环节全过程的有效管理。预制构件工厂数字化管理框架如图 7-1 所示。

图 7-1　预制构件工厂数字化管理框架

一、构件数字化生产管理系统

数字化生产管理系统是预制构件生产企业运营的综合性管理平台,系统集成设计、计划、采购、设备输出、生产、销售、库存、施工等模块,能够有效规范流程、提高效率、降低成本、支撑企业决策,从而实现预制构件工厂的现代化管理(见图7-2)。

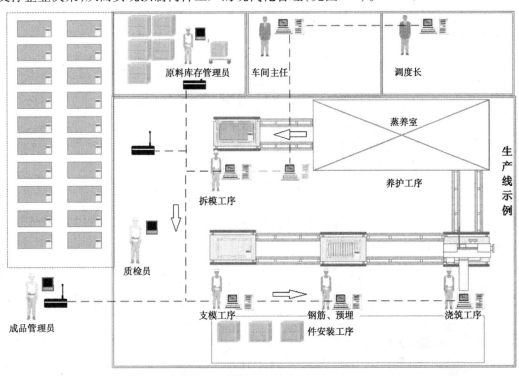

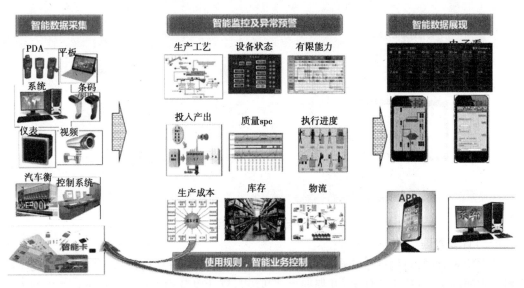

图7-2　数字化工厂效果

（一）销售管理

销售投标前，通过产能分析、物料需求计划等模块对工期、成本进行预估，为合同投标提供数据参考。产能分析和物料需求如图7-3所示。

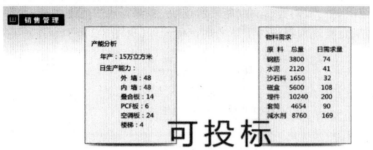

图7-3　产能分析和成本分析

（二）设计管理

设计管理功能：将深化设计 BIM 模型数据导入系统，系统根据设计信息自动生成构件、模具、原材料和 BOM（Bill of Material，物料清单）等信息，并采用 RFID 以及二维码对构件进行全生命周期管理，确保构件设计与生产的一致性。设计管理构件信息如图7-4所示。

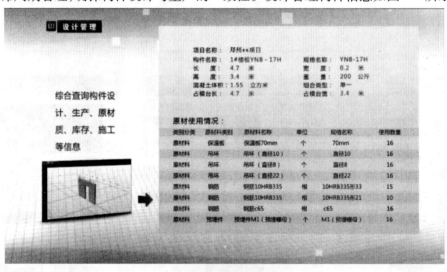

图7-4　设计管理构件信息

（三）计划管理

根据施工合同，对构件生产顺序进行排序；根据构件产品和原材料库存信息，自动生成物料需求明细表，下达采购任务；并根据生产线模台尺寸以及构件尺寸信息进行二次智能重组，进而产生最佳生产方案，节约生产工时。构件图纸管理如图7-5所示。

构件和模具数量统计如图7-6所示。

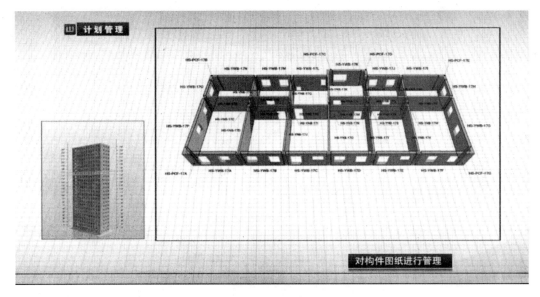

图7-5　构件图纸管理

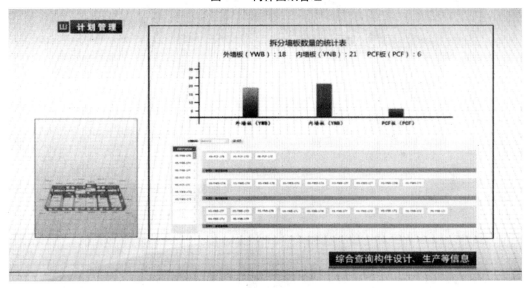

图7-6　构件和模具数量统计

（四）设备输出

根据设计数据，将构件钢筋等信息生成设备可识别的文件，将构件信息 PC 端导入设备接口（见图7-7），然后自动划线机按照构件生产尺寸进行准确划线，可简化中间过程，提高生产效率。

（五）生产管理

系统运用计算机运算快、存储量大的特点，提供车间全过程生产管理，在整合资源的环境下，构件的生产状态可通过系统随时随地进行查看（见图7-8～图7-10），操作简便，增强了构件生产的可预见性和可控性，提高了生产效率。

（六）采购管理

依据物料需求计划、现有库存、供应商报价等信息，生成合适的采购订单（见图7-11），

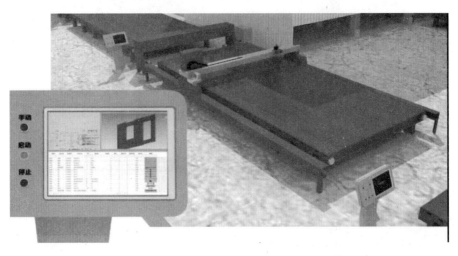

图 7-7　构件信息 PC 端导入设备接口

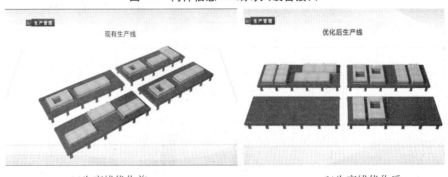

(a)生产线优化前　　　　　　　　　　　　(b)生产线优化后

图 7-8　生产优化

(a)生产工序确认　　　　　　　　　　　　(b)验收合格进入下一道工序

图 7-9　过程监控

在确保能够有序生产的情况下,减少原材料占用的现金流。

（七）库存管理

对构件以及物料进行分门别类管理,发货时可通过系统记录对构件进行准确定位,并对物料出入库进行实时动态管理(见图 7-12),保证库存现有信息的精确性。

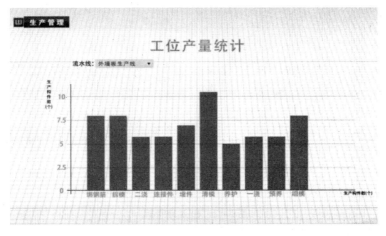

图 7-10　工位产量实时统计

物料库存需求情况

挤塑板库存情况

型号	现有库存	日需求量	预计使用日期
普蓝18	1800	52	34
普蓝B2-18	1324	48	27
普蓝B2-30	420	48	8
普蓝B1-30	800	36	22

供应厂商报价

厂商	型号	价格(元)
华美	普蓝18	120
	普蓝B2-18	148
	普蓝b2-30	168
	普蓝B1-30	180
北鹏首豪	普蓝18	120
	普蓝B2-18	152
	普蓝b2-30	164
	普蓝B1-30	180
华夏鑫荣	普蓝18	118
	普蓝B2-18	158
	普蓝b2-30	164
	普蓝B1-30	182

(a)物料库存情况

采购订单

采购种类：挤塑板

产品	厂商	数量	单价	总价(元)	到货日期
普蓝b2-30	北鹏首豪	2000	164	328000	2014-6-27

生成订单

电子订单回执

订单日期：2014-6-19
订单编号：JSB25648710036
采购类型：挤塑板
商品名称：普蓝b2-30
厂商：北鹏首豪
数量：2000
单价：164
总价：328000元
到货日期：2014-6-27
到货地址：辽宁省沈阳市东北总部基地
收货人：张先生
联系电话：13598753518

联系人：胡女士
厂商电话：15926351487
传真：024-65824789

(b)生成采购订单　　　　　　　　(c)采购订单回执

图 7-11　采购管理

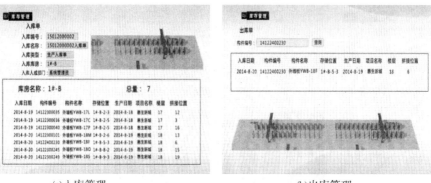

(a)入库管理 (b)出库管理

图 7-12　出入库管理

（八）施工管理

施工现场通过施工任务订单、到货验收、安装施工等功能与构件厂及时通信（见图 7-13），使得构件运输、安装过程井然有序，缩短施工工期。

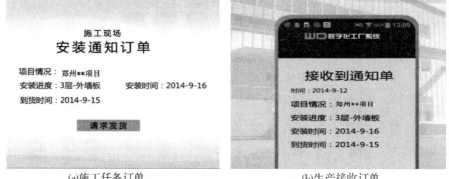

(a)施工任务订单 (b)生产接收订单

图 7-13　施工现场管理

（九）统计查询

系统提供云级服务，无论身处公司、家还是其他场所，可以随时掌握工厂动态，平台将数据信息分析、整理与统计，以列表、图形的方式展现，将工作内容与工作方式信息化，沟通更方便，生产更有效。云级服务框架如图 7-14 所示。

图 7-14　云级服务框架图

二、生产管理平台

预制构件生产需要进行深化设计、生产作业计划等多项工作,还需要对进度、质量、库存等大量数据信息进行管理。目前,企业通过采用基于 BIM 的深化设计软件进行预制构件深化设计,采用 ERP 系统进行生产作业计划及生产过程管理,并以 RFID 技术为纽带对预制构件生命周期中各个环节的关键信息进行实时记录和跟踪。因此,有必要将 ERP、BIM 和 RFID 等技术在预制构件工厂的生产和运营中有效地运用,来增强企业的市场竞争力。

(一)ERP 生产管理系统

1. ERP 技术简介

ERP 系统是企业资源计划的简称,指建立在信息技术基础上,集信息技术与先进管理思想于一体,以系统化的管理思想,为企业员工及决策层提供决策手段的管理平台。它能有效地帮助预制工厂安排生产计划及采购任务,使企业的人、财、物、供、产、销全面结合,全面受控、实时反馈、动态协调、以销定产、以产求供,减少物料浪费、降低成本、保证产品交期等。针对预制构件厂实际情况,将 ERP 系统划分为 7 个子系统,分别为生产管理、库存管理、采购管理、销售管理、财务管理、人力资源管理和企业信息管理子系统。ERP 系统的功能结构如图 7-15 所示。

系统主要模块功能简介如下:

(1)生产管理子系统。主要包括生产计划、物料清单、物料需求计划、生产计划进度等功能结构。帮助企业合理安排生产计划及采购任务,减少物料浪费、降低成本、保证产品交期等。

(2)库存管理子系统。库存业务是企业中相当重要的业务板块,其与采购、销售、半成品及成品出入库、生产经营领料等业务都有着紧密的联系。通过出入库单对库存进行管理,库存管理模块包括入库登记、出库登记、出入库查询、库存盘点和库存报警等功能结构。

(3)采购管理子系统。进一步细化了企业的采购流程,根据物料需求计划、物料清单、库存信息制订采购计划,进行采购。采购管理又具有供应商管理、订单管理、合同管理、进货管理和进货查询等功能结构。

(4)销售管理子系统。销售管理子模块主要用于客户查询、销售管理、仓库管理等方面,旨在实现商品的销售数据录入、客户数据录入和销售信息的查询。

(5)财务管理子系统。财务管理是企业管理的一个组成部分,为整个企业提供资金支撑,主要包括财务支出、报表管理等功能结构。

(6)人力资源管理子系统。对企业的人事进行管理,包括员工信息的录入、查询和修改等。

(7)企业信息管理子系统。对企业的基本情况和系统进行基本设置。

2. ERP 业务流程

根据预制工厂系统各个子模块结构功能,明确整体业务流程和相互联系,并对各个子系统内部业务的流程进行简要介绍。ERP 系统业务流程如图 7-16 所示。

(二)全生命周期协同管理系统

利用 BIM 技术可以提高装配式建筑协同设计效率,降低设计误差,优化预制构件的生产流程,改善预制构件库存管理,模拟优化施工流程,实现装配式建筑运维阶段的质量管理

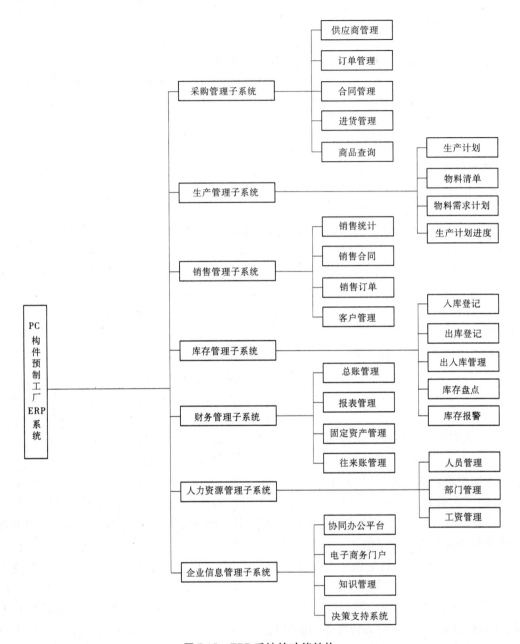

图 7-15　ERP 系统的功能结构

和能耗管理;同时结合物联网技术(RFID 射频识别技术等)实现对构件智能化识别、定位、追踪、监控和管理,最终实现建筑工业化全生命周期的综合系统化信息管理。RFID 技术和 BIM 技术的结合,使得信息和资源共享,有效地支撑企业决策,以达到降低库存、快速应变、提高效率的目的。

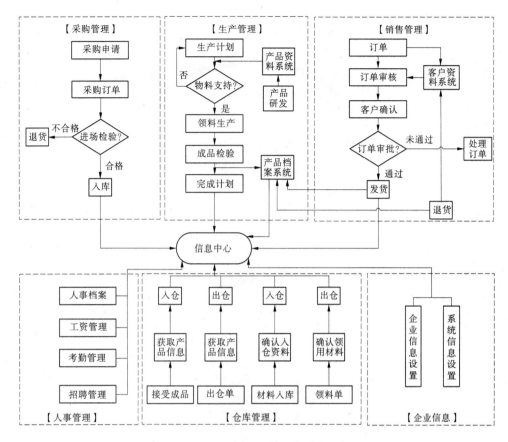

图 7-16　ERP 系统业务流程

1. 技术简介

1) BIM 技术

BIM 是指创建并利用参数化模型对建设工程项目的设计、建造和运营全过程进行管理和优化的技术。BIM 通过数字信息仿真模拟建筑物所具有的真实信息(在这里信息不仅是三维几何形状信息,还包含大量的非几何形状信息,如建筑构件的材料、质量、价格和进度等)集成了建筑工程项目各种相关信息的工程数据模型,是对该工程项目相关信息的详尽表达(见图 7-17)。BIM 是数字技术在建筑工程中的直接应用,以解决建筑工程在软件中的描述问题,使设计人员和工程技术人员能够对各种建筑信息做出正确的应对,并为协同工作提供坚实的基础。

2) RFID 技术

RFID 是一种非接触式的自动识别技术,通过射频信号识别目标对象并获取相关数据,识别工作无须人工干预。作为条形码的无线版本,RFID 技术具有条形码所不具备的防水、防磁、耐高温、使用寿命长、读取距离大、标签上数据可以加密、存储数据容量更大、存储信息更改自如等优点。在建筑工业化预制构件厂中,主要采用 RFID 对生产的预制构件全生命周期进行跟踪管理(见图 7-18)。

2. 业务流程

根据 BIM 技术在建筑工业化中的应用思路和工程实践,综合得出 BIM 技术在装配式建

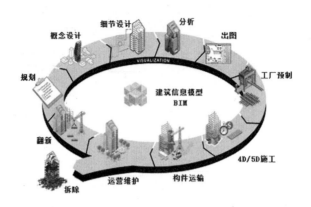

图 7-17　BIM 系统功能结构图

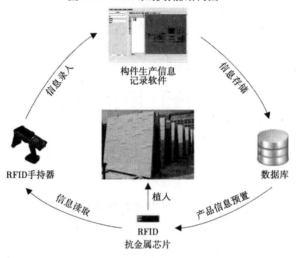

图 7-18　RFID 功能结构图

筑项目全生命周期中的应用框架。该框架是从项目全生命周期的各阶段出发,分别在每个阶段中发挥 BIM 技术在其中的作用。项目全生命周期主要细分为 6 个阶段:方案设计阶段、深化设计阶段、构件生产阶段、物流运输阶段、建造施工阶段和运营维护阶段,并结合BIM 技术在建筑工业化中的应用研究,得出 BIM 技术在装配式建筑项目各阶段中的应用框架,如图 7-19 所示。

1)方案设计阶段

设计人员在方案设计中除能够通过 BIM 技术的三维可视化功能特性进行设计外,更重要的是能够通过 BIM 技术对现实信息数据进行收集、整合、分析,为设计决策提供参考,使设计方案更具合理性。

2)深化设计阶段

与普通建筑不同,在方案设计阶段后,装配式建筑为了满足施工现场安装、对成本的测算及工厂的自动化生产要求,一般需要进一步对方案进行深化和优化,包括构件尺寸优化、构件拆分、构件深化、构件配筋、碰撞检测等多个方面。

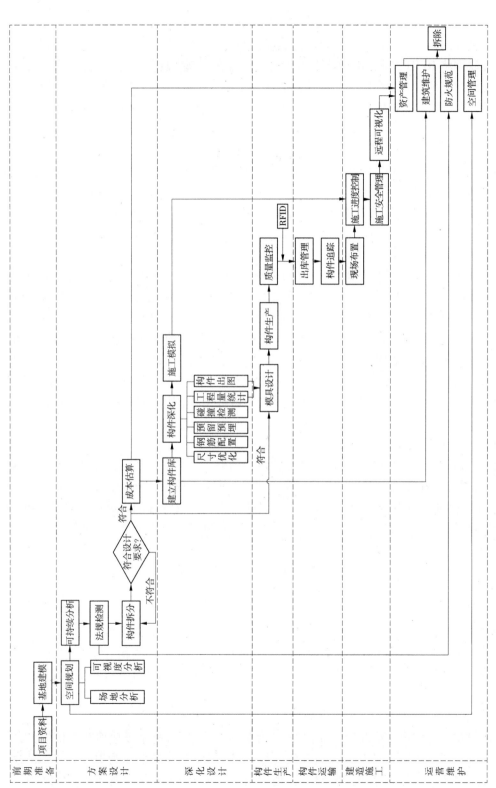

图 7-19 BIM 技术在装配式建筑中的应用框架

3）构件生产阶段

通过 BIM 技术能够完整地将建筑设计阶段的信息传递到构件生产阶段，装配式项目设计阶段所创建的构件三维信息模型可以达到构件制造要求的精度，并借助建造平台，基于物联网和互联网将 RFID 技术、BIM 模型、构件管理整合在一起实现信息化、可视化构件管理，保证装配式建筑项目全生命周期中的信息流更加准确、及时、有效。在预制构件的管理中，通过 RFID 芯片技术将 BIM 构件模型与现实中的预制构件对应起来，实现了构件生产的集约型管理。

4）物流运输阶段

利用 BIM 结合 RFID 技术，通过在预制构件生产过程中嵌入含有安装部位及用途等构件信息的 RFID 芯片，方便存储验收人员及物流配送人员读取预制构件的相关信息，实现电子信息的自动对照，减少在传统的人工验收和物流模式下出现的验收数量偏差、构件堆放位置偏差、出库记录不准确等问题的发生，可以节约时间和成本，提高预制构件仓储和运输的效率。

5）建造施工阶段

在设计阶段的 BIM 模型基础之上，通过对施工进度信息与模型对象相关联，形成具有时间维度的四维模型，通过四维模型可以实现对工程进度的可视化管理。BIM 模型和 RFID 技术结合，可以提前对施工场地进行布置，确保施工的有序开展。BIM 的信息共享机制可以降低信息传递过程中的衰减，提高施工质量，加强施工过程中的安全管理。通过移动设备，如平板电脑、手机等结合 RFID 技术、云端技术，施工指导人员可以在远程进行施工指导，帮助现场人员对构件进行定位、吊装，也可以实时地查询吊装构件的各类参数属性、施工完成质量指示等信息，之后可以再把竣工数据上传至项目数据库，便可以实现施工质量的记录可追溯查询。

6）运营维护阶段

装配式建筑项目中构件生产、施工及运营维护的整个流程中，构件实际信息与虚拟信息保持一致，通过两者之间信息及时的相互传递、更新，使虚拟模型达到"所见即所得"的真实程度，也是后期通过 BIM 模型进行运营维护的基础，业主方或者管理人员通过对 BIM 模型的检查更新，可以对实际项目进行预制构件维护、设备管道检测、住宅小区智能管理等。

第二节　BIM 技术应用

构件工厂基于产品的管理需要，需建立预制构件全生命周期信息化管理系统。本节旨在通过实际案例，以物联网的 RFID 技术为纽带对预制构件生命周期中各个环节的关键信息进行实时记录和跟踪，将 BIM 技术与系统的管理平台相融合，形成构件全生命周期的数据信息资料库，旨在通过实际应用探索 BIM 技术与建筑工业化的结合方式及其意义价值。

一、工程简介

该项目位于郑州市经济开发区，所处地貌为黄河冲积平原，整个场地地势起伏较大，最大高差 3.4 m，场地稳定。本工程抗震等级二级，7 度设防，总建筑面积为 10 271.55 m^2，地下两层，地上 27 层，建筑总高度 78.53 m。地下两层及地上 1～4 层为现浇剪力墙结构，地上 5～27 层采用全装配式剪力墙结构，上下墙体连接采用钢筋套筒灌浆连接。项目实景如

图 7-20 所示。

二、项目目标

本项目作为装配式项目,采用装配整体式剪力墙结构,预制率达到 75% 以上。项目对设计深度、广度要求高,协同关系复杂。在设计的过程中需要施工单位、预制构件生产单位提前深度介入,在施工图设计基础上进行深化设计,避免后期因配合不当造成现场返工。

图 7-20 项目实景

(1)设计管理:在装配设计过程中对 BIM 技术有实际需求,如预制装配式建筑设计过程中的空间优化、减少错漏碰缺、深化设计需求、施工过程的优化和仿真、项目建设中的成本控制等。实现建筑开发商、设计单位、构件生产厂商、施工安装单位等之间协同管理,以及构件图设计、施工设计管理等。

(2)生产管理:实现生产计划、下单、车间生产、设备控制管理、身份识别管理、质量检验与控制、构件仓库管理等。

(3)物流管理:实现产品销售、物流配送等管理。

(4)施工支持管理:实现施工模拟、施工指导支持、施工档案管理等功能。

(5)运维管理:实现对构件销后跟踪、售后服务、施工档案维护等管理。

三、项目实施

(一)BIM 应用软硬件和网络

根据本工程实际要求,我们采用的软件方案如表 7-1 所示。

表 7-1 工程 BIM 软件方案

软件类型	软件名称	保存版本
三维建模软件	Autodesk Revit	2016
模型整合平台	Autodesk Navisworks	2016
施工模拟软件	Autodesk Navisworks	2016
二维绘图软件	AutoCAD Autodesk Design Review	2016
文档生成软件	Micro Soft office	2016

本工程采用的 BIM 建模工作站配置如表 7-2 所示。

表 7-2 工程 BIM 建模工作站配置

配置	参数
CPU	Intel®至强®处理器 Intel 至强四核 E5－2670＊2
内存	8＊8GB DDR3 1 600 MHz
网卡	主板集成 1 000 M 自适应网卡,
显卡	GTX1050 独立显卡
硬盘	Intel 240 G 固态硬盘/3TB/7200/西部数据
显示器	(两台)联想扬天 24 寸宽屏液晶显示器
系统	Windows10 专业版 64 位

本工程采用的 BIM 网络示意图如图 7-21 所示。

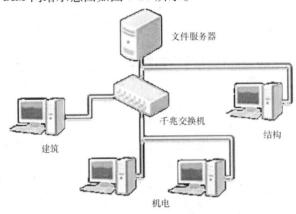

图 7-21　工程 BIM 网络示意图

（二）BIM 技术在预制装配式建筑设计中的应用

BIM 技术建模以三维为基础,以参数化的设计方式建立构件的信息资料库,呈现方式为数据库、三维模型,BIM 模型,主要分三大阶段:标准制定、模型建立、模型应用。BIM 模型中任一个图形单元都涵盖了构件的类型、尺寸、材质等参数,所有构件模型都由参数控制,实现了 BIM 模型的关联性。构件模型中某一参数发生改变,与之相关的所有构件信息都会随之更新,解决了图纸之间的错、漏而导致的信息不一致问题。BIM 模型建成后,可根据需要导出二维 CAD 图纸、各构件数量表等,方便快捷。

（1）构件设计阶段是装配式建筑实现过程中的重要一环。通过构件设计可以将建筑各个要素进一步细化成单个构件。在装配式建筑方案设计阶段加强建筑、结构、设备、装修等专业之间的配合,要求拆分合理、制作简单、施工方便。深化设计具体内容见图 7-22。

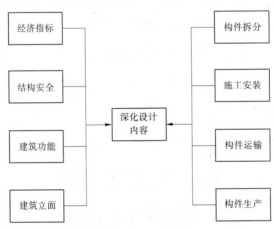

图 7-22　深化设计内容

（2）利用设计软件进行构件二维、三维设计,标准层预制及现浇节点拆分三维建模如图 7-23 所示,剪力墙构件预制深化图如图 7-24 所示,标准层预制构件拆分及编号平面图如图 7-25 所示。

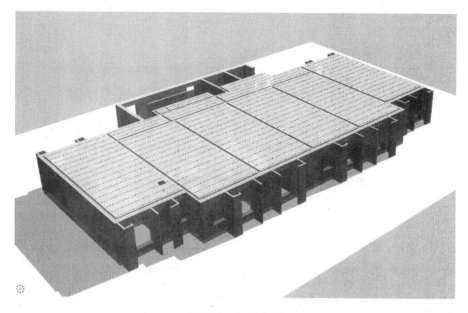

图 7-23 三维建模

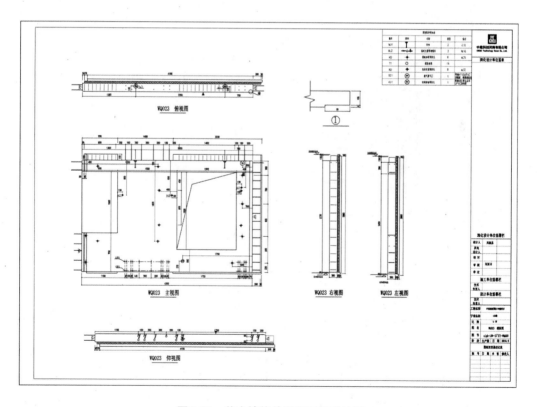

图 7-24 剪力墙构件预制深化设计图

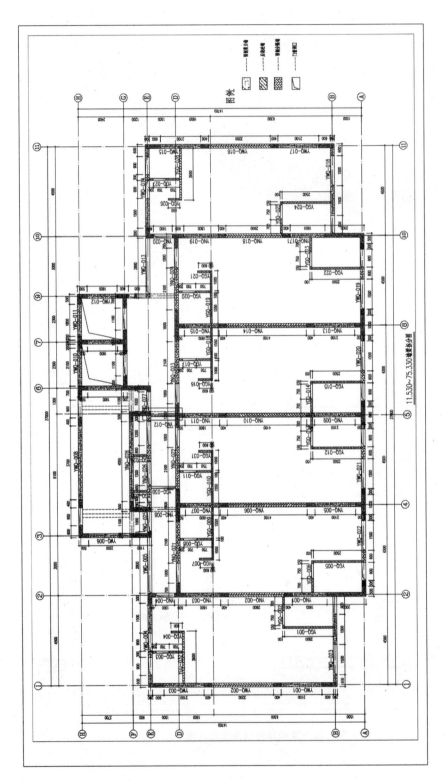

图 7-25 标准层预制构件拆分及编号平面图

（3）利用 BIM 进行预制构件三维拆分设计、深化设计及三维出图（见图 7-26）。

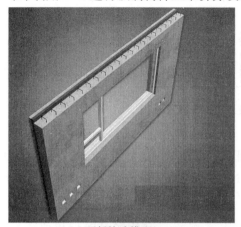

(a)预制外墙模型

(b)预制内墙

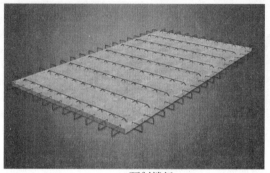

(c)预制楼板

图 7-26　预制构件模型

（4）利用 BIM 进行机电管线设计及机电管线碰撞检查（见图 7-27）。

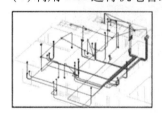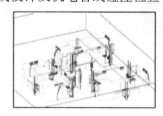

图 7-27　利用 BIM 进行机电管线碰撞检查

（三）信息技术在工厂生产阶段的应用

预制构件生产企业可直接从 BIM 信息平台调取预制构件的尺寸、材质等，制订构件生产计划，开展有计划的生产，同时通过二维码/RFID 等物联网技术的应用对现场装配施工进度进行实时采集，并将实际进度信息关联到 BIM 进度模拟模型中，从而实现了现场可视化的进度实时管理。

1. 在预制构件生产线中应用

现代化预制构件工厂以生产线作业为主要特征，流水作业生产线是其中最为典型的一种。以内墙流水线为例，一块内墙板的生产需由多个工艺步骤来完成，如图 7-28 所示。流水线中的每个工艺环节具有承前启后的作用，只有单个环节作业信息经管理终端确认后才能执行下一道工序,确保虚拟信息与实际流水作业同步。

图 7-28　内墙板流水作业示意图

2. RFID 抗金属电子标签

RFID 抗金属电子标签是每个构件的身份证件(见图 7-29),标签自身的存储空间无须太大,除身份字符外的详细信息主要保存在后台软件数据库中。由于预制构件的材料构成及生产、安装环境的制约,要求采用的 RFID 电子标签必须具备如下特性。

(a)RFID抗金属标签　　　　　　　　(b)二维码信息

(c)RFID编码机

(d)手持式信息采集设备

图 7-29　RFID 技术

(1)体积小巧。

(2)具有良好的抗金属特性。

(3)具备防水、防酸碱、防碰撞的特性。

(4)满足生产车间、堆放场地、施工现场对标签读写距离的要求。

3. 构件信息追踪

装配式建筑因有大量的构件流转在生产、运输以及安装过程中,如何了解它们的数量、所处的环节、成品质量等情况是 BIM 技术的又一关键。利用手持设备以及芯片技术,从设计开始直到安装完成为每个构件贴上属于它们自己的"身份证",再利用手持设备传递它们的状态,从而掌握构件的全生命周期信息。手持机预制构件生产管理流程如图 7-30 所示。

4. 二维码质量监控系统

在预制构件、实体结构、管理人员安全帽上粘贴信息化二维码,可以实现相关信息的全过程追溯,方便实用。二维码追溯系统手机端界面如图 7-31 所示。预制构件追踪定位系统(见图 7-32),是通过定位追踪 APP 操作选择指定构件,扫描定位器边上的二维码确认构件并获取构件详细信息,实时监控施工质量。

(a)扫描施工人员工号条码及图纸条码

(b)检查模板制作及饰面铺设确认

(c)钢筋绑扎检查合格后将芯片与构件数据绑定

(d)钢筋入模浇捣前检查确认

(e)脱模起吊前检查确认

(f)成品检查确认

图 7-30　手持机预制构件生产管理流程

(g)成品堆放确认

(h)现场安装人员登录

(i)现场安装就位

(j)施工进度管理

续图7-30

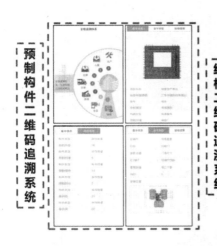

图7-31　二维码追溯系统手机端界面

四、BIM应用效果

（一）效益分析

本工程采用BIM技术,从预制装配式建筑"设计→生产→施工"三个阶段入手,研究了BIM技术在装配式建筑中的应用价值。

图 7-32　预制构件追踪定位系统使用示意

1. 实现装配式预制构件的标准化设计

BIM 技术可以实现设计信息的开放与共享。设计人员可以将装配式建筑的设计方案上传到项目的"云端"服务器上,在云端中进行尺寸、样式等信息的整合,并构建装配式建筑各类预制构件(例如门、窗等)的"族"库。预制构件"族"库的建立有助于装配式建筑通用设计规范和设计标准的设立。利用各类标准化的"族"库,设计人员还可以积累更多装配式建筑的设计户型,节约户型设计和调整的时间,有利于丰富装配式建筑户型的规格,更好地满足居住者多样化的需求。

2. 降低装配式建筑的设计误差

设计人员可以利用 BIM 技术对装配式建筑结构和预制构件进行精细化设计,减小装配式建筑在施工阶段容易出现的装配偏差。借助 BIM 技术,对预制构件的几何尺寸及内部钢筋直径、间距、钢筋保护层厚度等重要参数进行精准设计、定位。在 BIM 模型的三维视图中,设计人员可以直观地观察到待拼装预制构件之间的契合度,并可以利用 BIM 技术的碰撞检测功能,细致分析预制构件结构连接节点的可靠性,排除预制构件之间的装配冲突,从而避免由于设计粗糙而影响到预制构件的安装定位,减少由于设计误差带来的工期延误和材料资源的浪费。

3. 整合预制构件生产信息

装配式建筑的预制构件生产阶段是装配式建筑生产周期中的重要环节,也是连接装配式建筑设计与施工的关键环节。为了保证预制构件生产中所需加工信息的准确性,预制构件生产厂家可以从装配式建筑 BIM 模型中直接调取预制构件的几何尺寸信息,制订相应的构件生产计划,并在预制构件生产的同时,向施工单位传递构件生产的进度信息。

4. 改善预制构件库存和现场管理

在装配式建筑预制构件生产过程中,对预制构件进行分类生产、储存需要投入大量的人力和物力,并且容易出现差错。利用 BIM 技术结合 RFID 技术,通过在预制构件生产的过程中嵌入含有安装部位及用途信息等构件信息的 RFID 芯片,存储验收人员及物流配送人员可以直接读取预制构件的相关信息,实现电子信息的自动对照,减少在传统的人工验收和物流模式下出现的验收数量偏差、构件堆放位置偏差、出库记录不准确等问题的发生,可以明显地节约时间和成本。在装配式建筑施工阶段,施工人员利用 RFID 技术直接调出预制构件的相关信息,对此预制构件的安装位置等必要项目进行检验,提高预制构件安装过程中的质量管理水平和安装效率。

5.提高施工现场管理效率

装配式建筑吊装工艺复杂、施工机械化程度高、施工安全保证措施要求高,在施工开始之前,我们可以利用 BIM 技术进行装配式建筑的施工模拟和仿真,模拟现场预制构件吊装及施工过程,对施工流程进行优化;也可以模拟施工现场安全突发事件,完善施工现场安全管理预案,排除安全隐患,从而避免和减少质量安全事故的发生。利用 BIM 技术还可以对施工现场的场地布置和车辆开行路线进行优化,减少预制构件、材料场地内二次搬运,提高垂直运输机械的吊装效率,加快装配式建筑的施工进度。

(二)未来展望

借助 BIM 技术,避免"错、漏、碰、缺"等施工问题,实现装配式建筑从设计到运维的一体化协同管理,有效地提升装配式建筑整体建造及管理水平。BIM 技术作为新世纪建筑业发展的重要变革,将有力推动装配式建筑的发展,促进建筑业转型升级,实现建筑产业工业化、信息化。

习 题

一、填空题

1.信息技术是建筑工业化的重要工具和手段,能实现建筑工业化中的_____、_____、_____、_____、_____环节全流程的有效管理。

2._____是企业资源计划的简称,是指建立在信息技术基础上,集信息技术与先进管理思想于一身,以系统化的管理思想,为企业员工及决策层提供决策手段的管理平台。

3.利用_____可以提高装配式建筑协同设计效率、降低设计误差,优化预制构件的生产流程,改善预制构件库存管理、模拟优化施工流程,实现装配式建筑运维阶段的质量管理和能耗管理;利用_____实现对构件智能化识别、定位、追踪、监控和管理,最终实现建筑工业化从设计、生产、物流、施工到运维的全生命周期综合系统化信息管理。

4.装配式建筑全生命周期主要细分为六个阶段:_____、_____、_____、_____、_____和_____。

二、单项选择题

1.(   )主要包括生产计划、物料清单、物料需求计划、生产进度等功能结构。帮助企业合理安排生产计划及采购任务,减少物料浪费、降低成本、保证产品交期等。

    A.采购管理子系统   B.销售管理子系统

    C.库存管理子系统   D.生产管理子系统

2.(   )是我国建筑业发展的必然趋势,也是绿色建筑、结构优化、产业升级和进行重大产业创新的必经之路。

    A.ERP 技术应用   B.BIM 技术应用

    C.建筑工业化   D.RFID 技术应用

3.(   )是指创建并利用参数化模型对建设工程项目的设计、建造和运营全过程进行管理和优化的过程、方法和技术。

    A.BOM   B.RFID

C. BIM　　　　　　　　　　　D. ERP

4. 在装配式建筑预制构件厂中,采用(　　)对生产的预制构件全生命周期进行跟踪管理。

A. RFID 技术　　　　　　　　B. ERP 技术

C. BIM 技术　　　　　　　　　D. BOM 技术

5. 通过 BIM 技术能够完整地将建筑设计阶段的信息传递到(　　),装配式建筑项目设计阶段所创建的构件三维信息模型可以达到构件制造的精度。并借助精益建造平台基于物联网和互联网将 RFID 技术、BIM 模型、构件管理整合在一起实现信息化、可视化构件管理,保证预制住宅建筑项目全生命周期中的信息流更加准确、及时、有效。

A. 深化设计阶段　　　　　　　B. 构件生产阶段

C. 施工建造阶段　　　　　　　D. 运营维护阶段

三、简述题

1. 在预制构件工厂的生产和运维中大量使用了信息化技术或软件,请简要介绍。

2. 简述 ERP 系统的内容及模块。

3. 简述 BIM 技术应用在预制装配式建筑物中的价值。

第八章　资料管理与交付

施工项目档案是在项目建设、管理过程中形成的各种形式的历史记录,包含了工程项目涉及的国家政策、法规、法律,合同文件,勘察、设计文件,往来文件、工程资料等;是工程施工过程的真实记录,全面反映了工程的进展情况;是施工过程每一工序,分项、分部工程的实体质量的真实记录文件;是工程评估验收的主要依据;也是工程在交付使用后运行、维修、保养、改扩建的依据。

预制构件作为装配式建筑的主要部分,构件的生产加工应具有完整的施工项目档案资料,其资料应与生产同步形成、收集和整理。

第一节　制作准备阶段资料

预制构件制作准备阶段资料主要包括预制构件加工合同、制作准备阶段相关技术资料、生产方案和计划等文件。

一、预制构件加工合同

构件加工合同即是供方和需方为完成商定的装配式建筑项目构件生产、配送服务,明确相互权利、义务关系的合同,某项目构件加工合同样本如图8-1所示。

二、预制混凝土构件生产准备阶段相关技术资料

前期生产准备阶段资料还应包括预制混凝土构件加工图纸,设计文件,设计洽商、变更或交底文件。预制构件的加工制作需要根据设计方案进行构件的深化设计,预制构件加工图在构件加工制作前应进行审核,具体内容包括预制构件平面图、模具图、配筋图、安装图、细部构造图、预埋吊件及有关专业预埋件布置图等;带有饰面板材构件的板材排版图;夹心外墙板拉结件布置图、保温板排版图。加工图需要变更或完善时应及时办理变更文件,并作为预制构件加工图的一部分存档。某装配式项目构件拆分编号图、预制外墙生产制作图和预制外墙配筋图如图8-2～图8-4所示。

图 8-1　某项目构件加工合同样本

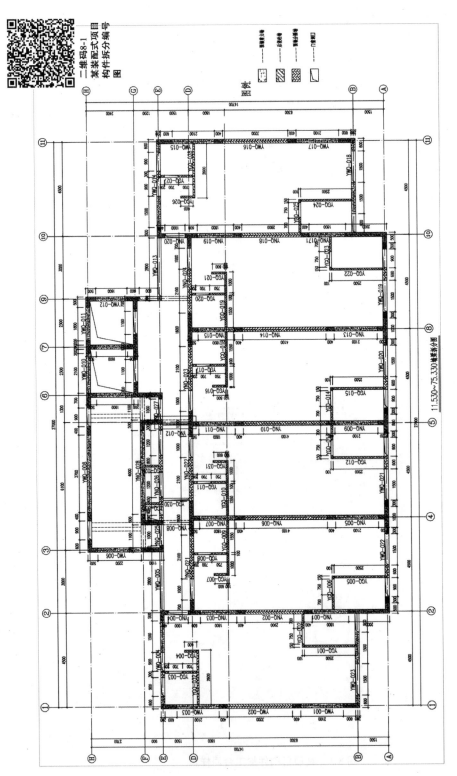

图 8-2 某装配式项目构件拆分编号图

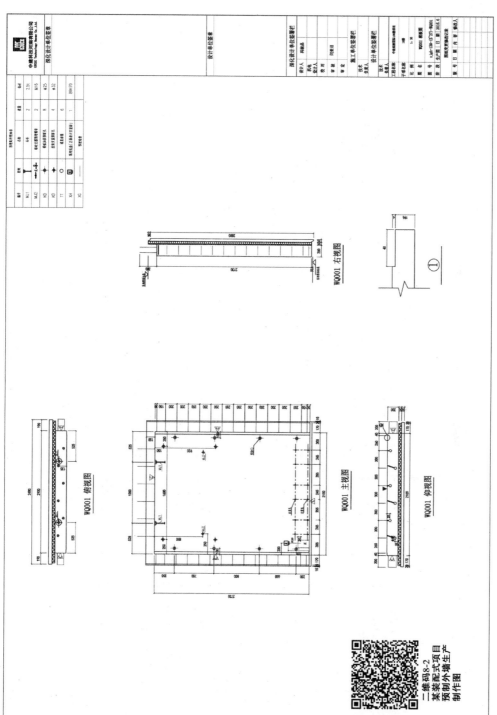

图 8-3　某装配式项目预制外墙生产制作图

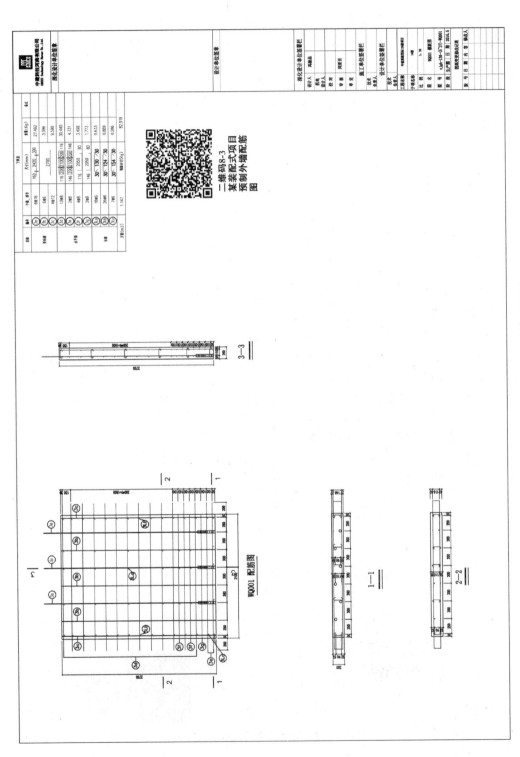

图 8-4　某装配式项目预制外墙配筋图

三、生产方案计划

预制构件制作前应编制生产技术方案,对各个环节的技术要求和质量标准进行技术交底,并做好各项交底记录;生产技术方案应包括生产工艺、生产计划,模具方案、摸具计划,技术质量控制措施、质量检验内容及方法,成品保护、堆放及运输方案等内容。必要时方案中还应有预制构件脱模、吊运、码放、翻转及运输等相关内容的承载力验算。生产技术方案应由技术负责人审批后实施,重要项目的生产技术方案应报送公司相关部门进行审核、审批,需要进行专家论证的还应组织专家论证会进行方案论证。

第二节　制作过程阶段资料

混凝土预制构件生产过程应严格控制,做好每个工序的质量检验及混凝土浇筑前的隐蔽验收等工作,并将各类资料进行分类归档。

一、进场材料验收及复检

所有进场材料附带材料质量合格证、复试记录和试验报告等质量证明文件,钢筋、水泥、砂石、水电管线、保温板、保温连接件等材料需要自检和复检,检验合格后方可使用。预制构件采用钢筋套筒灌浆连接时,应在构件生产前按规范要求进行钢筋套筒灌浆连接接头质量等相关试验。钢筋加工和焊接的力学性能、混凝土的强度、构件的结构性能、装饰材料、保温材料及连接件的质量等均应根据现行有关标准进行检查、试验,出具试验报告并存档备案作为构件交付时的依据及项目交工资料。某装配式项目材料复检报告如图8-5所示。

图8-5　某装配式项目材料复检报告

二、过程检验

过程检验资料主要包括混凝土试配资料、混凝土配合比通知单、混凝土开盘鉴定和混凝土强度报告，钢筋检验资料、钢筋接头的试验报告，模具检验记录，预应力施工记录，保温连接件连接性能检验、陶瓷类装饰面砖与构件基面的黏结强度检验、隐蔽工程及预留预埋验收等记录，混凝土浇筑及养护记录，构件检验记录、性能检测报告。

第三节　成品交付阶段资料

预制构件进入施工现场时，需提供产品合格证、混凝土强度检验报告、钢筋套筒等其他构件钢筋连接类型的工艺检验报告及合同要求的其他质量证明文件。对于构件生产过程检验的各种合格证明文件保留在构件生产企业，以便需要时查阅。

一、产品合格证明文件

预制构件出厂时应有合格标识，生产企业应提供产品合格证（见图8-6），内容包括：工程名称，构件名称、型号及编号，合格证编号，产品数量，质量状况，标准图号或设计图纸号，混凝土设计强度等级，生产日期和出厂日期，性能检验评定结果及结论，并要有工厂质检员签字及单位盖章等内容。

二、混凝土强度检验报告

混凝土强度是指混凝土立方体抗压强度，其抗压强度试件应根据现行国家标准《普通混凝土力学性能试验方法标准》（GB/T 50081）的规定执行。某预制工厂混凝土检测报告如图8-7所示。

三、工艺检验报告

根据《钢筋机械连接技术规程》（JGJ 107），在钢筋连接工程开始前，应对不同钢筋生产厂的进场钢筋进行接头工艺检验。例如装配式剪力墙结构采用套筒灌浆施工工艺，连接钢筋需要与灌浆套筒和灌浆料进行匹配性试验，不可随意替代。

四、其他质量证明文件

当设计有要求或合同约定时，还应提供混凝土抗渗、抗冻等约定性能的试验报告。

预制混凝土构件出厂合格证

工程名称	港区第七棚户区七标4号地项目			合格证编号	GQ-YLT-010
制造厂家	中建七局科技发展事业部巩义工厂			使用部位	楼梯间
混凝土浇筑日期	2017.9.1		构件出厂日期	2017.10.20	

主要质量技术指标	混凝土强度	构件类型及数量	设计强度		检验结果	
		左9右9	C30		合格	
	尺寸规格偏差	设计	长（±5mm）	宽（±5mm）	高（厚）（±3mm）	检验结果
		实测	2	1	1	合格
	钢筋	牌号规格说明	钢筋牌号为HRB400的钢筋有Φ14，Φ12，Φ10，Φ8的复试合格			合格
预埋预留	合格					
外观质量	合格					

质保资料	内容	数量	检验结果
	混凝土抗压强度报告	1	合格
	钢筋原材出厂检测报告及复试报告	1	合格
出厂质量评定意见	合格		

供应单位技术负责人	质检员	发货员	填表日期
曹锋	黄利波	张峰	2017.10.19

本表由预制混凝土构件供应单位提供，建设单位、施工单位各保存一份。

图 8-6　构件出厂合格证

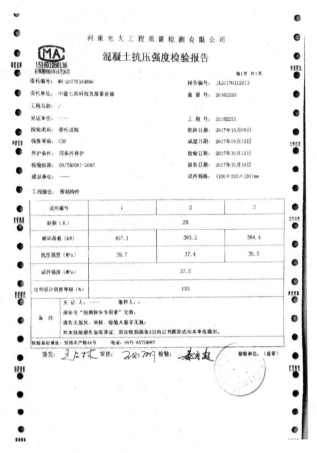

图 8-7　某预制工厂混凝土检测报告

习　题

一、填空题

1.＿＿＿＿＿＿＿＿＿是项目建设、管理过程中形成的各种形式的历史记录。

2.＿＿＿＿＿＿＿＿＿即发包人和承包人为完成商定的建筑安装工程,明确相互权利、义务关系的合同。

3.预制构件制作前应编制＿＿＿＿＿＿＿＿＿,并应对各个环节的技术要求和质量标准进行技术交底,并做好各项交底记录。

4.＿＿＿＿＿＿＿＿＿主要为构件生产过程质量检验记录,是预制构件作为合格产品交付使用的依据之一。

5.合格的预制构件进入施工现场时,应向使用方交付＿＿＿＿＿＿＿＿＿＿＿＿及各种检验报告。

二、选择题

1.预制结构构件采用钢筋套筒灌浆连接时,应在构件生产前进行钢筋套筒灌浆连接结构的＿＿＿＿,每种规格的连接接头试件数量不少于＿＿＿个。(　　　)

　　A.抗压强度试验、2　　　　　　　　　B.抗拉强度试验、3

C.抗拉强度试验、2　　　　　　　　D.抗压强度试验、3

2.预制构件作为装配式混凝土结构建筑的主要部分,其生产加工应具有(　　)等。

A.完整的制作依据　　　　　　　　B.过程控制资料

C.质量检验记录档案　　　　　　　D.出厂合格证明

3.预制构件制作准备阶段资料主要包括(　　)等。

A.预制构件加工合同　　　　　　　B.预制混凝土构件加工图纸

C.设计文件　　　　　　　　　　　D.施工组织计划

4.装配式混凝土结构构件用材料同传统现浇施工一样,所有进场材料需要查验材料质量合格证等质量证明文件,(　　)等材料还需要进行复检,检验合格后方可使用。

A.钢筋　　　　　　　　　　　　　B.水泥

C.砂石　　　　　　　　　　　　　D.保温板

5.预制混凝土构件出厂合格证应由(　　)提供。

A.构件加工单位质检部门　　　　　B.质检站

C.安监局　　　　　　　　　　　　D.施工单位

三、简答题

1.预制构件加工图在构件加工制作前应进行审核,具体内容包括哪些方面?

2.预制构件制作前应编制生产技术方案,并应对各个环节的技术要求和质量标准进行技术交底,生产技术方案包含哪些主要内容?

3.现有规范要求装配式结构验收时,应提供哪些与构件预制生产有关的资料?

第九章 安全文明施工与环境保护

教学要求

1. 了解预制构件厂安全生产工作特点、预制构件厂文明施工的主要要求。

2. 熟悉预制构件厂安全生产管理工作、预制构件厂环境保护和职业健康安全工作的主要内容。

3. 掌握危险源辨识以及分析评价方法、预制构件厂环境保护具体措施、预制构件厂职业健康安全工作具体措施。

预制构件厂作为预制构件生产的主要场所,其生产活动具有一定的危险性,同时对周围环境会产生一定的影响,因此要注重安全文明施工和环境保护。

第一节 安全生产

安全生产是指在生产经营活动中,为了避免造成人员伤害和财产损失的事故而采取相应的事故预防和控制措施,使生产过程在符合规定的条件下进行,以保证从业人员的人身安全与健康,设备和设施免受损坏,环境免遭破坏,保证生产经营活动得以顺利进行的相关活动。与施工工地现场施工不同,预制构件厂的安全生产工作有如下特点:

(1)机械化、自动化、电气化程度高。

(2)作业位置相对固定。

(3)室内作业多,室外作业少。

(4)吊装以及运输作业多。

一、危险源辨识

根据构件预制厂安全生产工作的特点进行危险源辨识是十分必要的。危险源辨识就是识别危险源并确定其特性的过程。危险源辨识通过对危险源的识别,对其性质加以判定,对可能造成的危害、影响提前制定措施,以便进行预防,从而保生产的安全、稳定。预制构件厂的危险源识别及分析评价见表9-1～表9-3。

表9-1 钢筋加工危险源辨识

序号	工作内容	潜在危害	危害影响	分析评价					现有风险控制措施和建议措施
				可能性	暴露频率	严重度	风险值	危害程度	
1	钢筋吊装	吊装钢筋坠落造成物体打击	设备损坏、人员伤害	3	6	7	126	显著危险 需要整改	1.行车司机必须持证上岗; 2.钢筋吊装方式采取两点式,同型号吊装,并采用专用吊具进行吊装; 3.吊装过程中,任何人员不得停留在吊物下方,不得用手牵引吊装物
2	钢筋切断机	电未接地	触电伤害	1	6	15	90	显著危险 需要整改	使用漏电保护器,检查设备电源线及接地情况
		挤压(切)手指	手指挤伤	3	6	3	54	可能危险 需要注意	1.尽量使用工具代替手工操作; 2.用手送钢筋料时应距切断处20 cm; 3.禁止徒手加工短于20 cm的钢筋; 4.维修、保养设备时必须切断电源
3	线材钢筋弯箍机	电未接地	触电伤害	1	6	15	90	显著危险 需要整改	使用漏电保护器,检查设备电源线及接地情况
		钢筋弯曲过程中的机械伤害	受到钢筋弯曲造成的钢筋甩、弹等打击	3	6	1	18	稍有危险 可以接受	1.严禁弯曲超过机械铭牌规定直径的钢筋; 2.弯曲钢筋的旋转半径内不准站人
		挤压(切)手指	手指挤伤	3	6	3	54	可能危险 需要注意	1.作业中严禁变换角度,用手拉、拽钢筋; 2.维修、保养设备时必须切断电源
4	棒材钢筋弯曲机	电未接地	触电伤害	1	6	15	90	显著危险 需要整改	使用漏电保护器,检查设备电源线及接地情况
		钢筋弯曲过程中的机械伤害	受到钢筋弯曲造成的钢筋甩、弹等打击	3	6	1	18	稍有危险 可以接受	1.严禁弯曲超过机械铭牌规定直径的钢筋; 2.弯曲钢筋的旋转半径内不准站人; 3.弯曲较长钢筋时,应有专人帮扶钢筋,帮扶人员应按操作人员指挥手势进退,不得任意推送
		挤压(切)手指	手指挤伤	3	6	3	54	可能危险 需要注意	1.当用手扶钢料时应距弯曲处20 cm; 2.禁止徒手加工短于20 cm的钢筋; 3.作业中严禁更换轴芯、销子和变换角度及调速; 4.维修、保养设备时必须切断电源

续表 9-1

序号	工作内容	潜在危害	危害影响	分析评价					现有风险控制措施和建议措施
				可能性	暴露频率	严重度	风险值	危害程度	
5	桁架焊接机	电未接地	触电伤害	1	6	15	90	显著危险 需要整改	使用漏电保护器,检查设备电源线及接地情况
		电焊火花飞溅烫伤	烫伤	3	6	1	18	稍有危险 可以接受	1.工作时必须穿工作服; 2.作业时与焊接主体保持安全距离
		挤压手指	手指挤伤	3	6	3	54	可能危险 需要注意	1.作业中严禁拉、拽钢筋; 2.维修、保养设备时必须切断电源
6	网片焊接机	电未接地	触电伤害	1	6	15	90	显著危险 需要整改	使用漏电保护器,检查设备电源线及接地情况
		电焊火花飞溅烫伤	烫伤	3	6	1	18	稍有危险 可以接受	1.工作时必须穿工作服; 2.作业时与焊接主体保持安全距离
		挤压手指	手指挤伤	3	6	3	54	可能危险 需要注意	1.作业中严禁拉、拽钢筋; 2.维修、保养设备时必须切断电源
7	套丝机	电未接地	触电伤害	1	6	15	90	显著危险 需要整改	使用漏电保护器,检查设备电源线及接地情况
		缠入旋转的轴内	手指挤伤	1	6	1	6	稍有危险 可以接受	1.禁止佩戴手套操作套丝机; 2.设备运行过程中禁止调整、清理旋转的轮轴

表 9-2　生产线危险源辨识

序号	工作内容	潜在危害	危害影响	分析评价					现有风险控制措施和建议措施
				可能性	暴露频率	严重度	风险值	危害程度	
1	模台行走	模台行走时从模台间隙通过	挤伤	6	6	3	108	显著危险需要整改	1. 禁止在模台运行时从模台间隙通过；2. 禁止人员在模台运行前发出警示提醒，运行中注意观察
		模台行走时上面站人	摔伤	6	6	1	36	可能危险需要注意	禁止在模台运行时上面站人
2	模板安装	边模跌落	砸伤	3	6	3	54	可能危险需要注意	1. 使用行车吊运模板时，行车司机必须持证上岗；2. 两人抬模板时要互相配合；3. 配备防砸鞋
		挤压手指	手指挤伤	3	6	1	18	稍有危险可以接受	1. 作业时佩戴手套；2. 多人协作时注意相互配合
3	钢筋安装	边模、钢筋跌落	砸伤	3	6	3	54	可能危险需要注意	1. 两人抬模板时要相互配合；2. 配备防砸鞋
		挤压手指	手指挤伤	3	6	1	18	稍有危险可以接受	1. 多人协作时注意相互配合；2. 作业时佩戴手套
		挤压手指	手指挤伤	3	6	1	18	稍有危险可以接受	作业时佩戴手套
4	预埋件安拆	在高处拆除预埋件时跌落	摔伤	3	6	3	54	可能危险需要注意	1. 严禁在吊装过程中拆除预埋件；2. 构件放平稳后才能拆除预埋件；3. 高处作业时应系安全带，穿防滑鞋
5	电焊机	电线漏电	触电伤害	1	6	15	90	显著危险需要整改	使用漏电保护器，检查设备电源线及接地情况
		光辐射	眼睛伤害	6	3	3	54	可能危险需要注意	1. 电焊工必须持证上岗；2. 电焊作业时必须佩戴防护眼镜或防护面罩
		火花飞溅	火灾等	3	3	7	63	可能危险需要注意	1. 电焊工必须持证上岗；2. 作业前必须办理动火作业证，清理周围易燃物等

续表 9-2

序号	工作内容	潜在危害	危害影响	分析评价					现有风险控制措施和建议措施
				可能性	暴露频率	严重度	风险值	危害程度	
6	氧气乙炔切割	使用间距小车5 m	爆炸	1	6	40	240	高度危险 立即整改	1. 作业人员必须持证上岗; 2. 作业时氧气乙炔瓶间距必须大于5 m
		火花飞溅	火灾等	1	3	15	45	可能危险 需要注意	1. 作业人员必须持证上岗; 2. 作业前必须办理动火作业证,清理周围易燃物等
7	混凝土浇筑	布料机撞人	人员受伤	3	6	1	18	稍有危险 可以接受	1. 布料机作业时,人员保持安全距离; 2. 操作人员应集中注意力,避免误操作
		铁锹、小车等伤人	设备损坏、人员受伤	3	6	1	18	稍有危险 可以接受	作业时注意相互配合
		行车吊运布料机坠落	摔伤	3	6	7	126	显著危险 需要整改	1. 行车司机必须持证上岗; 2. 布料机吊运前要检查吊具、吊环等吊装工具,确保符合要求; 3. 使用专用的吊装工具; 4. 吊装过程中,任何人员不得停留在吊装物下方
		清洗布料机、鱼雷罐时跌落	摔伤	3	10	3	90	显著危险 需要整改	1. 清洗作业时严禁开动设备; 2. 清洗作业时应系好安全带,穿防滑鞋
8	模台存取	存取机上面或下面站人	人员伤害	3	3	7	63	可能危险 需要注意	存取机运前,上面、下面严禁站人,并保持安全距离
9	模板拆除	模板跌落	砸伤	3	10	1	30	可能危险 需要注意	1. 使用行车吊运模板时,行车司机要相互配合; 2. 两人抬模板时要相互配合; 3. 配备防砸鞋
10	模台立起	大锤、撬打等伤人	人员伤害	3	6	1	18	稍有危险 可以接受	作业时注意相互配合
11	吊运模台	立起机下面站人	人员伤害	3	3	7	63	可能危险 需要注意	起重立起机作业时,下面严禁站人,并保持安全距离
		模台坠落造成物体打击	设备损坏、人员伤害	3	6	7	126	显著危险 需要整改	1. 行车司机必须持证上岗; 2. 模台吊运前要检查吊具、吊环等吊装工具,确保符合要求; 3. 使用专用的吊装工具; 4. 吊装过程中,任何人员不得停留在吊物下方,不得用手牵扯引吊装物

表 9-3　运转工作危险源辨识

序号	工作内容	潜在危害	危害影响	分析评价					现有风险控制措施和建议措施
				可能性	暴露频率	严重度	风险值	危害程度	
1	构件修补	物体打击机械伤害	飞溅物对脸、眼睛的伤害；旋转设备对手部等的伤害	3	6	3	54	可能危险需要注意	1. 做切割、打磨、冲击等类型的作业时，必须佩戴防冲击眼镜； 2. 使用旋转设备，如角磨机时，不得佩戴手套； 3. 修补作业前应注意观察构件摆放是否牢固可靠
2	铲车上料	车辆撞人	人员伤害	3	6	3	54	可能危险需要注意	1. 铲车必须由专职司机驾驶，严禁其他人员驾驶； 2. 严格控制铲车车速，不得超过 5 km/h； 3. 上车前检查轮胎，铲车反光镜、倒车警报、尾灯、制动系统等，确保车辆状况良好
3	构件吊运到运输车上	构件坠落造成物体打击	设备损坏	3	10	7	210	高度危险立即整改	1. 行车司机必须持证上岗； 2. 构件吊运前要检查吊具，吊环等吊装工具，确保符合要求； 3. 使用专用的吊装工具； 4. 吊装过程中，任何人员不得停留在吊物下方，不得用手牵引吊装物
4	构件转运到堆场	构件坠落造成物体打击	人员伤害	3	6	5	270	高度危险立即整改	1. 行车司机必须持证上岗； 2. 构件吊运前要检查吊具，环等吊装工具，确保符合要求； 3. 使用专用的吊装工具； 4. 吊装过程中，任何人员不得在吊物下方、周围不得站人； 5. 在向架子上放构件的过程中，拆吊钩过程中下面要有人监护，观察构件是否有移动、倾倒的可能，拆钩人员不得穿肥大的衣服，做到"三紧"； 6. 构件摆放稳定后，拆钩人员不得逗留； 7. 构件堆场不得逗留，非工作人员禁止人内

续表 9-3

序号	工作内容	潜在危害	危害影响	分析评价					现有风险控制措施和建议措施
				可能性	暴露频率	严重度	风险值	危害程度	
5	构件装车	构件坠落造成物体打击	人员伤害	3	6	15	270	高度危险 立即整改	1. 行车司机必须持证上岗; 2. 构件吊运前要检查吊具、吊环等吊装工具,确保符合要求; 3. 使用专用的吊装工具; 4. 吊装过程中,任何人员不得停留在吊物下方,不得用手牵引吊装物; 5. 在向车上放构件前,应检查车上的构件运输架,确认良好后方可放置构件
		高处坠落	人员伤害	3	6	7	126	显著危险 需要整改	1. 构件放到运输架上后,需先将构件固定后方可拆卸挂钩,在拆卸挂钩时,不要穿过于肥大的衣服; 2. 下车时不得从车上、构件上跳下
6	发货	车辆事故	人身伤害、车辆损坏	3	5	3	45	可能危险 需要注意	1. 出车前,司机确认好车上架子及构架是否固定稳妥; 2. 司机检查车辆反光镜、车灯、轮胎、刹车、油路等情况,确认车辆情况安全方可出发; 3. 行驶过程中严格按照相关法律法规行驶、文明驾驶,严格执行"一规"一项,按照规定路线、车速行驶

二、安全生产管理工作

预制构件厂安全生产管理工作包含以下方面：

（1）建立、健全并严格执行安全生产管理制度。

（2）建立、健全完善行之有效的安全管理体系。

（3）定期开展安全教育培训。

（4）制定完整的生产安全技术措施，进行安全技术交底。

（5）进行安全生产检查监督。

（6）及时处理安全隐患。

预制构件厂的安全生产管理可按生产程序分为构件生产、构件运输两个环节。

（一）构件生产

构件生产活动主要在车间内进行，做好构件生产的安全防护，才能保证生产活动的顺利进行。构件生产车间内人员多、机具多、线路多，完善的安全生产管理制度、经常的安全教育培训、完整的安全技术措施及齐全的安全技术交底是安全生产的重要保障。

1. 安全生产管理制度

车间内应悬挂预制构件厂的各项安全生产管理制度。车间内的安全生产管理制度主要包括：安全生产责任制、安全生产奖惩治制度、安全教育培训制度、特种作业人员管理工作制度、安全生产检查制度等。

安全生产责任制是最基本的安全生产管理制度，是所有安全生产管理制度的核心。安全生产责任制将安全生产责任分解到厂长、安全员、线长、班组长及每个岗位的作业人员身上。钢筋桁架自动焊接机工位安全技术操作规程如图9-1所示。

2. 安全教育培训

通过安全教育培训活动的开展，能增强职工安全防护意识和安全防护能力，提高各级管理人员安全管理业务素质，提升公司安全管理水平，减少伤亡事故的发生。

安全教育培训应分层次逐级进行，主要包括：三级安全教育、日常安全教育、季节性安全教育、节假日及重大政治活动相关安全教育、年度继续教育、安全资格证书教育培训等。

新职工入厂后，必须接受三级安全教育（见图9-2），并经考试合格才能上岗作业。

安全教育培训的主要内容有：党和国家的安全生产方针政策；安全生产、交通、防火、环保的法规、标准、规范；公司安全规章制度、劳动纪律；事故发生后如何抢救伤员，如何排险，如何保护现场和事故如何上报；事故分类及发生事故的主要原因；车间施工特点及施工安全基本知识；高处作业、机械设备、电气安全、职业健康等基本知识；防火、防毒、防尘、防爆知识及紧急情况安全处置和安全知识；防护用品发放标准及使用基本知识等。

3. 生产安全技术措施

通过采取安全技术措施，减少生产过程中的事故，保证人员健康安全和财产免受损失。预制构件厂生产安全技术措施主要有：

（1）进入车间生产区域的安全规定（见图9-3）。

（2）生产用电安全标识牌（见图9-4）。

（3）生产机械设备的安全使用规定。

（4）现场消防具体措施。

翻转机安全操作规程

一、作业前的检查工作

1、运行前检查和确认电源合闸。

2、确认端子间或各暴露的带电部位没有短路或对地短路情况。

3、投入电源前使所有开关都处于断开状态，保证投入电源时，设备不会启动和不发生异常动作。

4、运行前请确认机械设备正常且不会造成人身伤害，操作人员应提出警示，防止人身和设备伤害。

二、作业中的安全操作

1、工作流程：拆除边模的模板通过滚轮输送到达翻转工位，模具锁死装置固定模板，托板保护机构移动托住制品底边，翻转油缸顶伸，翻转臂开始翻转，翻转角度达到85~90°时，停止翻转，制品被竖直吊起，翻转模板复位。

2、"控制电源"转换开关：用于系统电源的接通与关断。

3、"急停开关"按钮，用于紧急情况下停止一切电气动作使用。

4、"油泵电机启动/停止"转换开关，用油泵电机的启动和停止。

5、"翻转升起"和"翻转下落"转换开关，用于翻转台的升起和下落控制。

6、"模台锁紧"和"模台松开"按钮，用于卡爪卡紧模台和松开模台。

7、"托架挡住"和"托架松开"按钮，用于托架挡住和松开模台上面的构件。

三、设备的维护及保养

1、应及时清理设备，保持设备的清洁。

2、检查各液压管路及管接头无泄漏，如有泄漏现象，及时更换管接头或密封件。

3、检查各油缸无泄漏或拉油现象，如有泄漏，更换液压缸或者更换液压缸密封。

4、液压站液位低于下限时应及时补充液压油。

5、检查各连接螺栓的连接，保证各连接螺栓无松动、脱落现象。

6、检查轴承的转动情况，保证润滑良好，转动灵活、无卡阻。

中建科技河南有限公司
CHINA CONSTRUCTION SCIENCE & TECHNOLOGY HENAN CO., LTD

构件起吊工位生产作业指导书	
适用范围	适合本公司PC、固定生产线
作业目的	保障车间生产
材料及工具	翻转机行车、吊具
作业过程	1、起吊之前，检查模具及工装是否拆卸完全； 2、起吊前准备好相应的吊具，检查是否安全； 2、检查吊点，构件本身是否合格； 3、起吊过程做到轻、快、稳； 4、起吊前必须确保构件回弹强度不小于20MPa； 5、构件吊至专用存放架； 6、工装使用后存放到指定位置，妥善保管
工作图片	
注意事项	1、不得耽误车间正常的生产； 2、注意工作人员的安全； 3、不得磕碰构件，运输架、存放架等必须包塑料垫或柔性垫； 4、翻转机运行时，操作人员严禁离岗，确保工作全区域无其余人员及时清扫作业区域，垃圾放入垃圾桶内。

中建科技河南有限公司
CHINA CONSTRUCTION SCIENCE & TECHNOLOGY HENAN CO., LTD

(a)   (b)

图 9-1 车间工位安全操作标识

图 9-2 新职工安全教育

（5）预防有毒、有害、易燃、易爆等作业造成危害的安全技术措施（见图 9-5、图 9-6）。

图9-3　进入车间生产区域的安全规定

图9-4　生产用电安全标识牌

图9-5　易燃、易爆品单独存放

图9-6　车间现场消防设施

4.安全技术交底

进行安全技术交底可以让一线作业人员了解和掌握该作业项目的安全技术操作规程和注意事项,减少因违章操作而导致事故的可能。安全技术交底的主要内容有:

(1)车间生产工作的作业特点和危险点。

(2)针对危险点的具体预防措施。

(3)应注意的安全事项。

(4)相应的安全操作规程和标准。

(5)发生事故后应及时采取的避难和应急措施。

(二)构件运输

混凝土预制构件质量大,其转运、运输需要用起重机、吊车、重型卡车等大型运输器械。此类作业属高危作业,需要有完善的措施保证吊装运输安全。

1.吊装运输作业的安全注意事项

(1)起重吊装人员属于特种作业人员,必须经地方政府安全监督行政主管部门培训考试合格,取得特种作业操作资格证,才能上岗作业。

(2)作业前,操作人员必须对机械和电器设备、操作系统、吊具、绳索进行认真的检查,并进行空车试运行,确认无误后才能进行吊装作业。

(3)操作人员必须严格遵守设备安全操作规程,严禁违章作业。

（4）每班作业完毕，应切断设备电源，并按规定对设备进行保养。

2. 构件运输过程的安全要求

由于构件是在工厂内制作的，如何将这些构件安全保质地运到施工现场是一道至关重要的环节。构件装车要牢固（见图9-7），构件运输（见图9-8）要合理组织，保证构件安全运输到现场。

图9-7　构件装车

图9-8　构件运输

1）运输过程安全控制

预制构件运输宜选用低平板车，并采用专用托架，构件与托架绑扎牢固。预制混凝土梁、叠合板和阳台板宜采用平放运输；外墙板、内墙板宜采用竖直立放运输。柱可采用平放运输，预制混凝土梁、柱构件运输时平放不宜超过2层。搬运架、车厢板和预制构件间应设置柔性材料，构件应用钢丝绳或夹具与靠放架紧固，构件边角或锁链接触部位的混凝土应采用柔性垫衬材料保护。

2）装运工具要求

装车前转运工应先检查钢丝绳、吊钩吊具、墙板靠放架等各种工具是否完好、齐全。确保挂钩没有变形，钢丝绳没有断股开裂现象，确定无误后方可装车。吊装时按照要求，根据构件规格型号采用相应的吊具进行吊装，不能有错挂、漏挂现象。

3）运输组织要求

进行装车时应按照施工图纸及施工计划的要求组织装车，注意将同一楼层的构件放在同一辆车上，装车时注意不要发生磕碰构件等的不安全事件。

4）车辆运输要求

（1）运输路线要求。选择运输路线时，超宽、超高、超长构件可能无法运输，应综合考虑运输路线上桥梁、隧道、涵洞限高和路宽等制约因素。运输前应提前选定至少两条运输路线以备不可预见的情况发生。

（2）构件车辆要求。为保证预制构件不受破坏，应该严格控制构件运输过程。运输时除应遵守交通法规外，运输车速一般不应超过60 km/h。转弯时应低于40 km/h。构件运输到现场后，应按照型号、构件所在部位、施工吊装顺序分类存放，存放场地应平坦开阔。

第二节 预制构件厂文明施工措施

文明施工是指保持生产现场良好的作业环境、卫生环境和工作秩序。因此,文明施工也是环境保护的一项重要措施。预制构件厂文明施工的主要要求有:

(1)厂区实行封闭式管理,大门、围墙等要完整、美观,材质符合规定。

(2)厂区内设置生产标牌(见图9-9),平面布置图布置合理,与厂区实际相符。

图9-9 厂区内设置生产标牌

(3)厂区内主要道路必须经过硬化处理,要平整、坚实、畅通,排水措施良好。

(4)料场材料分类集中堆放,设置标识牌,定期清扫,并采取防止扬尘措施。

(5)车间材料要分类码放(见图9-10),设置标识牌(见图9-11),严格控制码放高度,并认真按照平面布置图存放。

图9-10 车间材料要分类码放

图 9-11　车间内设置生产标识牌

（6）成品和半成品分类、分区域码放整齐，设置标识牌，不得随意堆放。

（7）剩余料具、包装材料要及时回收，堆放整齐并及时清运。

（8）材料随用随取，不留底料，要做到工完料净脚下清，工具、器具按规定存放，不得随意放置。

（9）厂区应节约用水、用电，消除"长流水"和"长明灯"等现象。

（10）生产区域和生活区域要明确划分，并应划分责任区，明确责任人。

第三节　环境保护和职业健康安全

预制构件生产过程中的污染主要包括对施工厂界内的污染和对周围环境的污染。构件制作对周围环境的污染防治是环境保护的范畴，而对厂内的污染防治属于职业健康范畴。

一、环境保护

预制构件生产环境保护措施主要包括大气污染的防治、水污染的防治、噪声污染的防治、固体废弃物的处理以及文明生产等。

（一）大气污染的防治

预制构件厂的生产通常是在封闭的室内环境进行，对大气环境影响较小。防治措施主要有：

（1）水泥、砂子、粉煤灰等细颗粒散体材料的存储应做好遮盖、密封，减少扬尘。

（2）厂区道路应指定专人定期洒水清扫，减少道路扬尘。

（3）预制构件厂搅拌站应封闭，并在进料仓上方安装除尘装置，采用有效措施控制厂区粉尘污染。

（二）水污染的防治

生产过程中水污染的防治措施主要有：

（1）搅拌站废水经过砂石分离后，可通过三级沉淀池循环利用或排放；模台冲洗的污水、养护废水必须经沉淀池沉淀，检测合格后排放，也可用于厂区道路洒水降尘或采取措施回收利用，见图 9-12、图 9-13。

图9-12　搅拌站砂石分离机

图9-13　搅拌站三级沉淀池

（2）现场存放油料,必须对库房地面进行防渗处理,如采用防渗混凝土地面、铺油毡等措施。使用时,要采取防止油料跑、冒、滴、漏的措施。

（3）厂区食堂的污水排放应设置有效的隔油池,定期清理,防止污染。

（4）厂区化粪池应采取防渗漏措施,可采用一体式成品化粪池。

（5）化学用品、外加剂等要妥善保管,库内存放,防止污染环境。

（三）噪声污染的防治

根据现行国家标准《工业企业厂界环境噪声排放标准》（GB 12348）的要求,对构件厂生产过程中厂界环境噪声排放限值见表9-4。

表9-4　工业企业厂界环境噪声排放限值　　　　　　（单位:dB(A)）

厂界外声环境功能区类别	时段	
	昼间	夜间
0	50	40
1	55	45
2	60	50
3	65	55
4	70	55

噪声控制技术可从声源、传播途径、接收者防护等方面来考虑,控制措施主要有:

1. 声源控制

（1）尽量采用低噪声的设备和加工工艺,如低噪声振捣器、风机、电动空压机、电锯等。

（2）在声源处安装消声器,即在通风机、鼓风机、压缩机、燃气机、内燃机及各类排气放空装置等进出风管的适当位置设置消声器。

2. 传播途径的控制

（1）吸声:使用吸声材料或采用吸声结构形成的共振结构,降低噪声。

（2）隔音:使用隔音结构,阻碍噪声向空气中传播,将接收者与噪声声源分隔。隔音结构包括隔音室、隔音罩、隔音屏障、隔音墙等。

（3）消声:使用消声器阻止传播,如将空气压缩机、内燃机设置在消声降噪室内等。

（4）减振降噪:对来自振动引发的噪声,可通过降低机械振动减小噪声,如将阻尼材料涂在振动源上,或改变振动源与刚性结构的连接方式等。

3. 接收者的防护

(1)让处于噪声环境下的人员使用耳塞、耳罩等防护用品,减少相关人员在噪声环境中的暴露时间,以减轻噪声对人体的危害。

(2)进入生产车间后不得高声喊叫,无故敲打模台、模板,乱吹哨,限制高音喇叭的使用,鼓励对讲机的使用,最大限度地减少噪声扰民。

(3)厂房车间附近有居民时,须严格控制强噪声作业时间,避免晚 10 时到次日早 6 时之间进行强噪声作业。确是特殊情况必须加班夜班生产时,尽量采取降低噪声措施,并找当地居委会、村委会协调,出安民告示,请群众谅解。

(四)固体废物的处理

固体废物处理的基本思想是:采取资源化、减量化和无害化处理,对固体废弃物产生的全过程进行控制。固体废弃物的主要处理方法有:

1. 回收利用

回收利用是对固体废物进行资源化的重要手段之一。预制构件厂在加工过程中仍会有一些钢材因规格成为废物,可以将其用到线盒固定、特殊模具制作中。最终无法使用的仍可转交资源回收单位进行回收利用。

2. 减量化处理

减量化是对已经产生的固体废弃物进行分选、破碎、压实浓缩、脱水等减少其最终处置量,降低处理成本,降少对环境的污染。在减量化处理的过程中,也包括与其他处理技术相关的工艺方法,如焚烧、热解、堆肥等。

3. 稳定和固化

稳定和固化处理是利用水泥、沥青等胶结材料,将松散的废物胶结包裹起来,减少有害物质从废物中向外迁移、扩散,减少废物对环境的污染。

4. 填埋

填埋是将固体废物经过无害化、减量化处理的废物残渣集中到填埋场进行处置。禁止将有毒有害废弃物现场填埋,填埋场应具有天然或人工屏障。尽量使需处置的废物与环境隔离,并注意废物的稳定性和长期安全性。

(五)文明生产

车间文明生产,是指车间职工在一个既有良好而愉快的组织环境,又有合适而整洁的生产环境中劳动和工作。

1. 执行厂纪厂规,抓好劳动纪律

厂纪厂规是企业根据国家的法令而制定的行政规章制度,具有强制性和约束力。劳动纪律是厂纪厂规的重要组成部分,其主要特征是要求每位职工都能按照规定的时间、程序和方法完成自己承担的任务,以便保证生产过程有步骤地进行,使企业的各项任务得以顺利完成。

2. 合理组织,均衡协调生产

均衡生产通常是指企业及其各个生产环节(车间、工段、班组)在每个相等的时间(旬、周、月)内,都能按照计划进度完成相等的或递增的工作量,并根据其量、品种和质量标准,均衡地完成计划规定的任务。

3. 严格工艺纪律、贯彻操作规程

严格执行工艺纪律,认真贯彻操作规程,是保证产品质量的重要前提。它也是帮助职工掌握生产技术,使企业建立正常的生产秩序和提高产品质量的重要保证措施。

4. 优化工作环境、改善生产条件

车间生产环境内的温度、湿度、含尘量、噪声干扰和采光通风等都要做到合乎人体健康的需要和适合于生产的需要,应当考虑调和工具箱(柜)与机器的色彩,同时还应要求每个职工养成良好的卫生习惯,爱护环境卫生,不随地吐痰,不乱扔烟头、纸屑和其他杂物,垃圾废品送往指定的地点,上班不敞胸露怀等。

5. 按标准化作业,规范工作秩序

标准化作业是文明生产的核心。日常的管理工作要有据可查、有标准可依,管理工作标准化组织和管理企业生产经营活动的依据以及手段。按照标准化要求从事文明生产工作,使企业的各项工作规范化、秩序化、科学化。

6. 协调人际关系,上下合理衔接

整个生产经营活动过程自始至终离不开协作和分工。各个工序之间上下左右衔接、人际关系融洽,必须贯彻"把方便留给别人,把困难留给自己"的精神,认真负责地对待用户或下道工序的信息反馈和对工作质量提出的要求。

二、职业健康安全

为保障工厂生产人员的身体健康和生命安全,改善生产人员的工作环境和生活环境,防止生产过程中各类疾病的发生,预制构件厂应加强职业病预防和卫生防疫工作。

(一)职业病的预防

生产车间内模台震动时会产生巨大的噪声,会对劳动者听力造成损害;电焊作业时的弧光和烟尘对劳动者视力和呼吸系统造成损害;车间的混凝土细小尘土颗粒会对劳动者呼吸系统造成损害。具体的危害情况和预防措施见图9-14。

1. 噪声危害防护措施

(1)控制声源:采用无声或低噪声设备代替强噪声的机械设备。

(2)控制声音传播:材料采用吸声材料或采用吸声结构吸收声能。

(3)个体防护:佩戴耳塞、耳罩、帽盔等防护用品。

(4)健康监护:进行岗前健康体检,定期进行岗中体检。

(5)合理安排作息:适当安排工间休息,休息时离开噪声环境。

2. 电焊弧光危害防护措施

(1)焊工必须使用镶有特制护目镜片的面罩或头盔,穿好工作服,戴好防护手套和焊工防护鞋。

(2)多台焊机作业时,应在焊机之间设置不可燃或阻燃的防护屏。

(3)采用吸收材料作为室内墙壁饰面所用材料以减少弧光的反射。

(4)保证工作场所的照明,消除因焊缝视线不清造成焊接人员操作时先点火后戴面罩的情况发生。

(5)改革工艺,变手持焊为自动或半自动焊,使焊工可在远离施焊地点作业。

作业会产生噪声，对听力有损害，提请注意防护		
危害物质	健康危害	理化特性
噪声有害	长时间处于噪声环境，会引起听力减弱、下降，时间长可引起永久性耳聋，并引发消化不良、呕吐、头痛、血压升高、失眠等全身性疾病。听力损失以25 dB为耳聋标准，26~40 dB为轻度耳聋，41~55 dB为中度耳聋，56~70 dB为重度耳聋，71 dB以上为极度耳聋。	声强和频率的变化都无规律，是杂乱无章的声音。
防护措施	应急处置	
必须戴护耳器	1、控制声源：采用无声或低噪设备代替发出强噪声的机械设备。2、控制声音传播：采用吸声材料或吸声结构吸收声音。3、个体防护：佩戴耳塞、耳罩、帽盔等防护用品。4、健康监护：进行岗前健康体检、定期进行体内检验。5、合理安排工作和休息：适当安排工间休息，休息时离开噪声环境。	1、使用防护器，如：耳塞、耳罩、防声帽等，并立即离开噪声场所。2、如发现听力异常，及时到医院检查、确诊。

作业会产生电焊烟尘，对人体有损害，提请注意防护		
危害物质	健康危害	理化特性
注意防尘	吸入这种烟尘会引起头晕、头痛、咳嗽、胸闷气短等，长期吸入会造成肺组织纤维性病变，即硬化肺，且常伴随锰中毒、氟中毒和金属烟热等并发症。电焊工尘肺的发病缓慢，病程较长，一般发病工龄为15~25年。	在温度高达3000~6000℃的电焊过程中，焊接原材料中金属元素的蒸发气体在空气中迅速氧化、凝聚，从而形成金属及其化合物的微粒。这种烟尘含有二氧化硅、氧化锰、氟化物、臭氧、各种微量金属和氟氧化物的混合物烟尘或气溶胶，逸散在作业环境中。
防护措施	应急处置	
必须戴防尘口罩	1、改善作业场所的通风状况，在封闭或半封闭结构内焊接时，必须有机械通风措施。2、加强个人防护，焊接人员必须佩戴符合要求的防尘面罩或口罩。3、强化职业卫生宣传教育，自觉遵守职业卫生管理制度，做好自我保护。4、加强岗前、岗中职业健康体检及作业环境监测，提前预防和控制职业病。5、提高焊接技术，改进焊接工艺和材料。	焊接人员必须佩戴符合要求的防尘面罩或口罩，电焊作业发生不适症状或中毒现象，应立即停止工作，脱离现场到空气新鲜处，并及时送医院就医。

作业会产生电焊弧光，对人体有损害，提请注意防护		
危害物质	健康危害	理化特性
当心弧光	对视觉器官的影响：强烈的电焊弧光对眼睛会产生急、慢性损伤，会引起眼睛畏光、流泪、疼痛、晶体改变等症状，致使视力减退，重者可导致角膜结膜炎（电光性眼炎）或白内障。对皮肤组织的影响：强烈的电焊弧光对皮肤会产生急、慢性损伤，出现皮肤烧伤感、红肿、发痒、脱皮，形成皮肤红斑病，严重时可诱发皮肤癌变。	焊接过程中的弧光由紫外线、红外线和可见光组成，属于电磁辐射范畴。无辐射作用到人体，被体内组织吸收，引起组织的热作用、光化学作用，能导致人体组织发生急性或慢性损伤。
防护措施	应急处置	
必须戴防护眼镜	1、焊工必须使用镶有特制护目镜片的面罩或头盔，穿好工作服，戴好防护手套和焊工防护鞋。2、多台焊机作业时，应设置可燃烧或遮蔽的防护屏。3、采用吸收材料作为室内墙壁饰面以减少弧光的反射。4、保证工作场所的照明，消除因焊缝视线不清，点火后戴面罩的情况发生。5、改革工艺，变手持焊为自动或半自动焊，使焊工可在远离施焊地点作业。	轻症无需特殊处理。重者可用地卡因滴眼，新鲜人乳、牛奶滴眼效果明显。

作业场所会产生粉尘，对人体有害，提请注意防护		
危害物质	健康危害	理化特性
注意通风	长期接触生产性粉尘的作业人员，当吸入的粉尘量达到一定数量即可引发尘肺病，还可以引发鼻炎、咽炎、支气管炎、皮疹、眼结膜损害等。	无机性粉尘、有机性粉尘、混合性粉尘。
防护措施	应急处置	
必须戴防尘口罩	必须佩戴个人防护用品，按时、按规定对身体状况进行定期检查，对除尘设备定期维护和检修，确保除尘设施运转正常，作业场所禁止饮食、吸烟。	发现身体状况异常要及时去医院进行检查治疗。

图9-14　车间职业病危害情况和预防措施

3.电焊烟尘危害防护措施

（1）改善作业场所的通风状况，焊接人员在封闭或半封闭结构内焊接时，必须有机械通风措施。

（2）加强个人防护,焊接人员必须佩戴符合要求的防尘面罩或口罩。

（3）强化职业卫生宣传教育,促使操作人员能自觉遵守职业卫生管理制度,做好自我保护。

（4）加强岗前、岗中职业健康体检及作业环境监测,做到提前预防和控制职业病。

（5）提高焊接人员焊接技术,改进焊接工艺和材料。

4.粉尘危害防护措施

（1）操作人员必须佩戴符合要求的防尘面罩或口罩。

（2）按时、按规定对操作人员身体状况进行定期检查。

（3）对除尘设备定期维护和检修,确保除尘设施运转正常。

（4）作业场所禁止人员饮食、吸烟。

（二）职业健康安全卫生的要求

预制构件厂职业健康安全卫生主要包括员工宿舍、员工食堂、厕所等场所卫生管理。

（1）厂区应设置办公室、宿舍、食堂、厕所、淋浴间、开水房、文体活动室、密闭式垃圾站及盥洗设施等。

（2）工厂应根据法律、法规的规定,制订工厂的公共卫生突发事件应急预案。

（3）厂区应配备常用药品及绷带、止血带、颈托、担架等急救器材。

（4）厂区应设专职或兼职保洁员,负责卫生清扫和保洁。

（5）办公区和生活区应采取灭鼠、蚊、蝇、蟑螂等措施。

（6）工厂应结合季节特点,做好作业人员的饮食卫生和防暑降温、防寒保暖、防煤气中毒、防疫等工作。

（7）厂区须建立健全环境卫生管理和检查制度,并应做好检查工作。

习　题

一、填空题

1._____就是识别危险源并确定其特性的过程。

2.预制构件厂的安全生产管理可按生产程序分为_____、_____两个环节。

3._____是最基本的安全管理制度,是所有安全生产管理制度的核心。

4._____可以让一线作业人员了解和掌握该作业项目的安全技术操作规程和注意事项,减小因违章操作而导致事故的可能。

5._____是指保持生产现场良好的作业环境、卫生环境和工作秩序。

6.构件预制生产过程中的污染主要包括_____、_____。

二、选择题

1.车间的安全生产管理制度主要包括(　　　)

　A.安全生产责任制　　　　　　　　B.安全生产奖惩制度

　C.安全教育培训制度　　　　　　　D.特种作业人员管理制度

2.安全教育培训应分层次逐级进行,主要包括(　　　)

　A.三级安全教育　　　　　　　　　B.日常安全教育

　C.季节性安全教育　　　　　　　　D.年度继续教育

3.新职工入厂后,必须接受(　　　)三级安全教育,并经考试合格才能上岗作业。

　　A.公司级　　　　　　　　　　　　B.车间级

　　C.班组级　　　　　　　　　　　　D.安全学习

4.构件预制生产环境保护措施主要包括(　　　)等。

　　A.大气污染的防治　　　　　　　　B.水污染的防治

　　C.噪声污染的防治　　　　　　　　D.光污染的防治

三、简述题

1.预制构件厂的安全生产工作有哪些特点?

2.预制构件厂安全生产管理工作包含哪些方面?

3.安全教育培训的主要内容有哪些?

4.安全技术交底的主要内容有哪些?

习题参考答案

第一章习题答案

一、填空题

1. 标准化、工厂化、装配化、一体化、信息化

2. 依托主城、服务主城、不干扰主城

3. 混凝土立方米数

4. 流水线、固定模台生产线、钢筋生产线

5. 材料室、混凝土室、力学实验室、标养室、留样室

6. 固定模台生产线、移动模台生产线

7. 侧面出筋的墙板、楼梯、阳台、飘窗;叠合楼板、内墙、叠合双皮墙

二、选择题

1. ABCD 　　　2. ABCD 　　　3. ABC 　　　4. ABCD

三、简述题

(略)

第二章习题答案

一、填空题

1. 外叶墙、内叶墙

2. 保温拉结件

3. 模板对拉、外挂架连接处

4. 容易造成漏浆、容易造成模板边缘变形

5. 导热系数

6. 封闭式接缝、开放式接缝

二、选择题

1. ABC 　　　2. ABC 　　　3. ABCD 　　　4. ABCD 　　　5. B

三、简述题

(略)

第三章习题答案

一、填空题

1. 力学性能试验报告、出厂合格证、抽样检验

2. 吊索 + 吊钩

3. 2 000 套,500 套

4. 磁座

5. 200 t,500 t

6. 外观质量、径向刚度、抗渗漏性能

二、选择题

1. BC　　2. D　　　3. A　　　4. C

三、简述题

（略）

第四章　习题答案

一、填空题

1. 钢筋弯曲机、钢筋桁架机、全自动钢筋焊接网机、直螺纹套丝机

2. 脱模剂喷涂机、空中混凝土运输车、振捣搓平机、拉毛机、预养护仓、抹光机、养护窑、翻板机、滚轮输送线

3. 机架,纵、横向升降机构,拉毛机构,电气控制系统

4. 钢结构支架、保温板、蒸汽管道、气动系统、养护温控系统、电气控制系统

5. 固定台座,翻转臂,托座,托板保护机构,电气控制系统,液压控制系统

6. 钢筋除锈、钢筋调直、钢筋切断、钢筋弯曲成型

7. 水电预埋、磁吸预埋、钢筋套筒预埋、保温连接件预埋

二、选择题

1. C　　2. B　　3. C　　4. D　　5. A　　6. B

三、简述题

（略）

第五章习题答案

一、填空题

1. 模具、钢筋、混凝土、预应力、预制构件

2. 下沉、裂缝、起砂、起鼓

3. 浇筑混凝土前

4. 一般缺陷、严重缺陷

5. 自然养护、自然养护加养护剂、加热养护方式。

6. 25

7. 15

8. 伸长值、±6%

二、单项题

1. B　　2. A　　3. C　　4. D　　5. C

三、简述题

（略）

四、思考题

构件表面麻面严重(脱模剂涂刷不均匀);预埋孔大小不一致;手孔、磁吸未去除;保温板有破损。

第六章习题答案

一、填空题

1.70% 、100%

2.2

3.5

4.插放、靠放、80°

5.垫木

6.泡沫板

7.60°,45°

二、选择题

1. BD   2. B   3. A   4. C   5. B   6. C   7. B

三、简述题

(略)

第七章习题答案

一、填空题

1.设计、生产、物流、施工、运维

2. ERP 系统

3. BIM 技术、物联网技术(RFID 射频识别技术等)

4.方案设计阶段、深化设计阶段、构件生产阶段、物流运输阶段、建造施工阶段、运营维护阶段

二、选择题

1. D   2. C   3. C   4. A   5. B

三、简述题

(略)

第八章习题答案

一、填空题

1.施工项目档案

2.构件加工合同

3.生产技术方案

4.工序质量检验资料

5.产品质量合格证明文件

二、选择题

1. B

2. ABCD

3. ABC

4. ABCD

5. A

三、简答题

(略)

第九章习题答案

一、填空题

1. 危险源辨识

2. 构件生产、构件转运和运输

3. 安全生产责任制

4. 进行安全技术交底

5. 文明施工

6. 对施工厂界内的污染、对周围环境的污染。

二、选择题

1. ABCD   2. ABCD   3. ABC   4. ABC

三、简述题

(略)

附 表

附表1 水泥胶砂流动度、胶砂强度检验原始记录（样式）见二维码附表1。

附表2 水泥检验原始记录（样式）见二维码附表2。

附表3 砂检验原始记录（样式）见二维码附表3。

附表4 石检验原始记录（样式）见二维码附表4。

附表5 混凝土立方体抗压强度检验原始记录（样式）见二维码附表5。

附表6 混凝土试块抗水渗透检验原始记录（样式）见二维码附表6。

附表7 预制构件模具尺寸检查表（样式）见二维码附表7。

附表8 预制楼板类构件外形尺寸允许偏差及检验方法（样式）见二维码附表8。

附表9 预制墙板类构件外形尺寸允许偏差及检验方法（样式）见二维码附表9。

附表10 模具上预埋件、预留孔洞安装检查表（样式）见二维码附表10。

附表11 产品入库质检表（样式）见二维码附表11。

附表12 预制构件出厂合格证（样式）见二维码附表12。

附表13 发货单（样式）见二维码附表13。

附表1　　　　　　　附表2　　　　　　　附表3

附表4　　　　　　　附表5　　　　　　　附表6

附表7　　　　　　　附表8　　　　　　　附表9

附表10　　　　　　附表11　　　　　　附表12

附表13

参考文献

［1］《建筑施工手册》（第 5 版）编委会. 建筑施工手册［M］. 5 版. 北京：中国建筑工业出版社，2013.

［2］住房和城乡建设委员会，北京市质量技术监督局. 预制混凝土构件质量检验标准：DB11/T 968—2013 ［S］. 北京：北京市城建科技促进会，2013.

［3］住房和城乡建设部住宅产业化促进中心. 装配整体式混凝土结构技术导则［M］. 北京：中国建筑工业 出版社，2015.

［4］中华人民共和国住房和城乡建设部. 装配式混凝土结构技术规程：JGJ 1—2014［S］. 北京：中国建筑工 业出版社，2014.

［5］中华人民共和国住房和城乡建设部. 装配式混凝土建筑技术标准：GB/T 51231—2016［S］. 北京：中国 建筑工业出版社，2017.

［6］中华人民共和国国家质量监督检验检疫总局，中国国家标准化管理委员会. 企业安全生产标准化基本 规范：GB/T 33000—2016［S］. 北京：中国标准出版社，2016.

［7］山东省住房和城乡建设厅，山东省质量技术监督局. 装配整体式混凝土结构工程预制构件制作与验收 规程：DB 37/T 5020—2014［S］. 北京：清华大学出版社，2014.

［8］崔旭龙. PC 构件预制工厂 ERP 系统的研究与开发［D］. 石家庄铁道大学，2016.

［9］丁士昭，等. 建设工程项目管理［M］. 北京：中国建筑工业出版社，2015.

［10］中华人民共和国住房和城乡建设部，中华人民共和国国家质量监督检验检疫总局. 工业化建筑评价 标准：GB/T 51129—2015.［S］. 北京：中国建筑工业出版社，2015.

［11］上海隧道工程股份有限公司. 装配式混凝土结构施工［M］. 北京：中国建筑工业出版社，2016.

［12］郭学明. 装配式混凝土结构建筑的设计、制作与施工［M］. 北京：机械工业出版社，2017.